# TRAINING Grundwissen MATHEMATIK

Czech • Faulhaber

# Algebra 8. Klasse

## Aufgaben mit Lösungen



STARK

**Bildnachweis**
S. 1: Fotoma, Landshut; S. 17: Archiv für Kunst und Geschichte, Berlin; S. 37: Walter Hohl, Arithmetik und Algebra 3, © Lehrmittelverlag des Kantons Zürich, Zürich 1982; S. 75: Fotoma, Landshut

ISBN: 3-89449-214-7


D-85318 Freising · Postfach 1852 · Tel. (08161) 1790
v 05-09

# Inhalt



*(Fortsetzung siehe nächste Seite)*

## Gleichungen und Ungleichungen 37



## Lineare Funktionen und Gleichungssysteme 75



## Lösungen 97


**Herausgeber:** Walter Czech, OStD
**Autoren:** Alfred Faulhaber, StD
Hannes Stark

# Vorwort

**Liebe Schülerin, lieber Schüler,**

das vorliegende Buch hilft dir, den Algebrastoff der 8. Klasse am Gymnasium an **Beispielen** zu verstehen und an **Aufgaben** zu üben. Zu allen Aufgaben sind die **Lösungen** ausführlich vorgerechnet.

Dieser Band "Training Algebra 8. Klasse" ergänzt deinen Mathematikunterricht auf vielfältige Weise:

- Neben dem Unterricht kannst du das Buch zur **Wiederholung und Festigung** des Lehrstoffs einsetzen.
- Du kannst es auch zur **Vorbereitung auf Klassenarbeiten bzw. Schulaufgaben** nutzen, wenn du das Wesentliche noch einmal wiederholen möchtest, um dich vor der Prüfung ruhig und sicher zu fühlen.
- Und du kannst es am Ende des Schuljahres dazu benutzen, den gesamten Stoff zu wiederholen, insbesondere dann, wenn du dich auf eine **Nachprüfung** in Mathematik für die 8. Klasse vorbereiten möchtest.

Ich wünsche dir viel Erfolg und Freude bei der Arbeit mit diesem Buch.

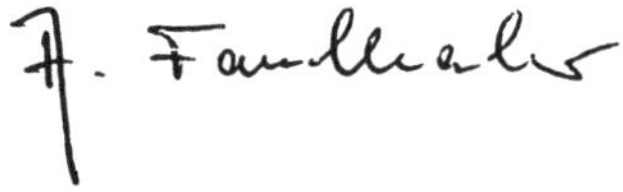

Alfred Faulhaber

# Bruchterme und ihre Umformung

Ein großer Mann hat gesagt: "Die natürlichen Zahlen hat der liebe Gott gemacht, alles übrige ist Menschenwerk."
Das kleine Kind lernt zuerst die natürlichen Zahlen erfassen. Mühsam unterscheidet es 1 und 2, 2 und 3. Diese Zahlen stehen am Beginn jeden Rechnens. Die Natur, unsere Umwelt führt sie uns vor.
Doch der Mathematiker bleibt bei diesen Zahlen nicht stehen. Und auch die Natur scheint in ihren vielfältigen Möglichkeiten Brüche anzudeuten. Du schälst eine Orange, du teilst sie in Spalten. Die schöne Orange ist in viele Teile zerlegt.

# 1 Das Kürzen von Brüchen

Der Bruch $\frac{8}{12}$ läßt sich einfacher schreiben; man kann kürzen. Zerlegt man Zähler und Nenner in Faktoren, so dürfen gemeinsame Faktoren des Zählers und des Nenners weggelassen werden, ohne daß sich der Wert des Bruches verändert.

$$\frac{8}{12} = \frac{2 \cdot \mathbf{4}}{3 \cdot \mathbf{4}} = \frac{2}{3}$$

**4** ist ein **gemeinsamer Faktor des Zählers und des Nenners**. Der Bruch $\frac{2}{3}$ besitzt den gleichen Wert wie der Bruch $\frac{8}{12}$. Es hat sich also der Bruch, nicht aber sein Wert, verändert.

**So kürzt man Brüche**

1. Man zerlegt Zähler und Nenner in Faktoren.
2. Gekürzt werden dürfen jedoch nur **gemeinsame Faktoren des Zählers und des Nenners.**

Beispiele:

1. $\frac{154}{198} = \frac{\mathbf{2} \cdot 7 \cdot \mathbf{11}}{\mathbf{2} \cdot 9 \cdot \mathbf{11}} = \frac{7}{9}$

   Hier dürfen die Zahlen **2** und **11** gekürzt werden, denn sie sind gemeinsame Faktoren des Zählers und des Nenners.

2. $\frac{3+2}{6} = \frac{3+2}{3 \cdot 2}$

   Hier darf die "**3**" **nicht gekürzt** werden. Sie ist zwar ein Faktor des Nenners, nicht jedoch des Zählers. Gekürzt werden dürfen nur **gemeinsame Faktoren des Zählers und des Nenners**. Würde man die "3" weglassen, was verboten ist, so ändert man damit nicht nur die Form des Bruches, sondern auch seinen Wert.

**Aufgaben**

**1.** Zerlege Zähler und Nenner in Faktoren. Nenne alle gemeinsamen Faktoren des Zählers und des Nenners. Kürze, soweit dies möglich ist!

a) $\frac{6}{9}$ b) $\frac{3+4}{9}$

c) $\frac{45}{36}$ d) $\frac{104 \cdot 56}{49 \cdot 39}$

# 2 Das Kürzen von Bruchtermen

Ein Quotient zweier Terme heißt **Bruchterm**, wenn im Nenner mindestens eine Variable vorkommt. Der Nenner darf dabei nicht den Wert Null annehmen. Das Kürzen von Bruchtermen wird in der gleichen Weise durchgeführt wie bei Brüchen:

**So kürzt man Bruchterme**

1. Man zerlegt Zähler und Nenner in Faktoren.
2. Gekürzt werden dürfen jedoch nur **gemeinsame Faktoren des Zählers und des Nenners.**

Beispiele:

1. $\frac{3a}{6b} = \frac{\mathbf{3} \cdot a}{\mathbf{3} \cdot 2b} = \frac{a}{2b}$

   Hier ist die **3 gemeinsamer Faktor des Zählers und des Nenners** und kann somit gekürzt werden.

2. $\frac{5a}{15b + 5a} = \frac{\mathbf{5} \cdot a}{\mathbf{5} \cdot (3b + a)} = \frac{a}{3b + a}$

Zähler und Nenner werden zuerst in Faktoren zerlegt. **5** ist gemeinsamer Faktor des Zählers und des Nenners.

3. $\frac{7b}{b + 3} = \frac{7 \cdot b}{b + 3}$

b ist hier nur ein Faktor des Zählers. Im Nenner ist b ein Summand. Der Nenner läßt sich nicht in ein Produkt verwandeln. Es gibt also **keinen** gemeinsamen Faktor des Zählers und des Nenners. Man kann hier **nicht kürzen**!

## Aufgaben

**2.** Zerlege Zähler und Nenner in Faktoren. Nenne alle gemeinsamen Faktoren des Zählers und des Nenners! Kürze, soweit dies möglich ist!

a) $\frac{3}{3+a}$

b) $\frac{3}{3a}$

c) $\frac{5x+15}{5x}$

d) $\frac{12x}{16x+20}$

e) $\frac{18a+3b}{15a+3b}$

f) $\frac{15x-25y}{5x-9y}$

g) $\frac{a^2-ab}{a^2}$

h) $\frac{2a^3+a^2}{3a^3-4a^4}$

i) $\frac{x^3y-xy^4}{2xy+2x^2y}$

j) $\frac{a^2b+3a^3b^2}{4a^4b^4-2a^2b}$

Es ist zwar bekannt, daß nur **gemeinsame Faktoren des Zählers und des Nenners** gekürzt werden dürfen, viele Schüler schaffen es aber nicht, Zähler und Nenner in Faktoren zu zerlegen. Deshalb sollen in diesem Abschnitt weitere Zerlegungsverfahren besprochen und eingeübt werden. Man unterscheidet dabei mehrere Arten:

## 2.1 Zerlegen durch Ausklammern

Diese Zerlegungsart wurde teilweise schon geübt. Aber nicht nur Zahlen und Variable können **gemeinsame Faktoren des Zählers und des Nenners** sein, sondern auch Summen und Differenzen.

Beispiel:

$$\frac{5x+5y}{2x+2y}=\frac{5\cdot(\mathbf{x}+\mathbf{y})}{2\cdot(\mathbf{x}+\mathbf{y})}=\frac{5}{2}$$

**(x + y)** ist ein gemeinsamer Faktor des Zählers und des Nenners. Er kann gekürzt werden.

### Aufgaben

**3.** Zerlege zuerst Zähler und Nenner in Faktoren. Kürze vollständig!

a) $\frac{4a+4b}{3a+3b}$ b) $\frac{22a+11b}{14a+7b}$

c) $\frac{2a+4b-6c}{3a+6b-9c}$ d) $\frac{2a^2+5ab+ac}{2ab+5b^2+bc}$

## 2.2 Zerlegen mit Hilfe der binomischen Formeln

Es werden folgende binomische Formeln verwendet:

$$a^2 + 2ab + b^2 = (a+b)^2;$$
$$a^2 - 2ab + b^2 = (a-b)^2;$$
$$a^2 - b^2 = (a+b)(a-b)$$

Beispiele:

1. $$\frac{a^2+2ab+b^2}{a^2-b^2} = \frac{(a+b)^2}{(a+b)(a-b)} = \frac{\mathbf{(a+b)}(a+b)}{\mathbf{(a+b)}(a-b)} = \frac{a+b}{a-b}$$

Das Zerlegen in Faktoren erfolgt mit Hilfe der binomischen Formeln. **(a + b)** ist ein **gemeinsamer Faktor des Zählers und des Nenners**. Er kann gekürzt werden.

*Beachte:* Das Ergebnis enthält keinen weiteren Faktor. Hier gibt es **nichts** mehr zu kürzen.

2. $$\frac{4x^2-12xy+9y^2}{4x^2-9y^2} = \frac{(2x-3y)^2}{(2x+3y)(2x-3y)} = \frac{(2x-3y)\mathbf{(2x-3y)}}{(2x+3y)\mathbf{(2x-3y)}} = \frac{2x-3y}{2x+3y}$$

(2x – 3y) ist ein **gemeinsamer Faktor des Zählers und des Nenners.** Sonst gibt es **nichts** mehr zu kürzen.

**Aufgaben**

**4.** Zerlege zuerst Zähler und Nenner in Faktoren. Kürze vollständig!

a) $\dfrac{x^2+2xy+y^2}{x+y}$ b) $\dfrac{4x^2-4xy+y^2}{4x^2-y^2}$

c) $\dfrac{25a^2+30ab+9b^2}{25a^2-9b^2}$ d) $\dfrac{a^2-10ab+100b^2}{2a+20b}$

## 2.3 Vertauschen der Summanden

Manchmal sind nach der Zerlegung noch keine gemeinsamen Faktoren in Zähler und Nenner erkennbar, obwohl eine gewisse Ähnlichkeit vorhanden ist. Durch Vertauschen der Summanden lassen sich oft gleiche Faktoren herstellen.

Beispiele:

1. $$\frac{2b+2a}{5a+5b} = \frac{2(b+a)}{5(a+b)} = \frac{2(\mathbf{a}+\mathbf{b})}{5(\mathbf{a}+\mathbf{b})} = \frac{2}{5}$$

   Durch Vertauschen der Summanden (der Wert der Summe bleibt dabei unverändert) tritt in Zähler und Nenner der gleiche Faktor **(a + b)** auf. Er kann gekürzt werden.

2. $$\frac{3a-3b+3c}{2a+2c-2b} = \frac{3(a-b+c)}{2(a+c-b)} = \frac{3(\mathbf{a}-\mathbf{b}+\mathbf{c})}{2(\mathbf{a}-\mathbf{b}+\mathbf{c})} = \frac{3}{2}$$

   Durch Vertauschen der Summanden **unter Mitnahme der Vorzeichen** (der Wert der Summe bleibt auch hier unverändert) tritt in Zähler und Nenner der gleiche Faktor **(a – b + c)** auf. Er darf gekürzt werden.

**Aufgaben**

**5.** Zerlege zuerst Zähler und Nenner in Faktoren. Kürze vollständig!

a) $\frac{36a+24b}{8b+12a}$ b) $\frac{12x+15y}{30y+24x}$

c) $\frac{5a+10b+15c}{6b+3a+9c}$ d) $\frac{4x^2+4xy+y^2}{y^2-4x^2}$

## 2.4 Ausklammern von (–1)

Manchmal unterscheiden sich zwei Faktoren in Zähler und Nenner nur durch alle ihre Vorzeichen. Man klammert (–1) bei einem der beiden Faktoren aus. Durch anschließendes Vertauschen der Summanden (unter Mitnahme der Vorzeichen) entstehen gleiche Faktoren in Zähler und Nenner.

Beispiele:

1. $\frac{3a-3b}{2b-2a}=\frac{3(a-b)}{2(b-a)}$ — Die Faktoren (a – b) und (b – a) unterscheiden sich nur durch **alle** ihre Vorzeichen.

$=\frac{-3(-a+b)}{2(b-a)}$ — Durch Ausklammern von (–1) und

$=\frac{-3(b-a)}{2(b-a)}$ — anschließendes Vertauschen der Summanden (unter Mitnahme der Vorzeichen)

$=-\frac{3}{2}$ — entstehen gleiche Faktoren in Zähler und Nenner, die man kürzen darf.

*Beachte:*

$a-b \neq -(b+a)$, aber $\mathbf{a-b=-(b-a)}$;

$(a-b)^2 \neq -(b-a)^2$, aber $\mathbf{(a-b)^2=(b-a)^2}$;

kontrolliere selbst!

2. $$\frac{6y-3x}{x^2-4xy+4y^2}=\frac{3(2y-x)}{(x-2y)^2}=\frac{3(2y-x)}{(2y-x)^2}=\frac{3\mathbf{(2y-x)}}{(2y-x)\mathbf{(2y-x)}}=\frac{3}{2y-x}$$

Statt im Zähler (–1) auszuklammern, kann man hier im Nenner für $(x-2y)^2$ auch $(2y-x)^2$ schreiben. **(2y – x)** ist dann ein gemeinsamer Faktor des Zählers und des Nenners.

**Aufgaben**

**6.** Zerlege Zähler und Nenner in Faktoren. Kürze vollständig!

a) $\dfrac{x-y}{4y-4x}$  b) $\dfrac{2a-2b}{3b-3a}$

c) $\dfrac{14a-21b}{15b+10a}$  d) $\dfrac{4{,}8y-1{,}2x}{0{,}6x-2{,}4y}$

e) $\dfrac{2a^3-6a^2b-3a^2c}{3bc+6b^2-2ab}$  f) $\dfrac{25x^2-10xy+y^2}{y^2-25x^2}$

## 2.5 Mehrfaches Ausklammern

Summenterme lassen sich manchmal durch mehrfaches Ausklammern in Faktoren zerlegen. So ist es möglich, in Zähler und Nenner gemeinsame Faktoren zu erhalten.

Beispiel:

$$\frac{ac+ad+bc+bd}{5c+5d}=\frac{a(c+d)+b(c+d)}{5(c+d)}$$

Der Faktor **(c + d)** kann ausgeklammert werden, so daß der Zähler vollständig in Faktoren zerlegt ist.

$$=\frac{a(c+d)+b(c+d)}{5(c+d)}$$

$$=\frac{(\mathbf{c}+\mathbf{d})(a+b)}{5(\mathbf{c}+\mathbf{d})}$$

$$=\frac{a+b}{5}$$

Jetzt ist **(c + d)** gemeinsamer Faktor des Zählers und des Nenners. Er kann gekürzt werden.

**Aufgaben**

**7.** Zerlege Zähler und Nenner zuerst in Faktoren. Kürze vollständig!

a) $\dfrac{xy + xz + ay + az}{7x + 7a}$ b) $\dfrac{x^2 + 2xy + y^2}{xz + yz + vx + vy}$

c) $\dfrac{cu + bc + eu + be}{u^2 - b^2}$ d) $\dfrac{ac - ad + bc - bd}{ac - ad - bc + bd}$

e) $\dfrac{6ax - 3xz + 2ay - yz}{3ax - 6xz + ay - 2yz}$ f) $\dfrac{x^2 + ax + bx + ab}{x^2 + ax - bx - ab}$

## 2.6 Zerlegung durch Probieren*

Neben den bisher aufgeführten Verfahren gibt es noch eine weitere Möglichkeit, Zähler und Nenner in Faktoren zu zerlegen. Dabei versucht man, durch Probieren eine Zerlegung der Form $(x + a)(x + b)$ zu finden.

Man verwendet dazu folgende Beziehung:

$$(x + a)(x + b) = x^2 + bx + ax + ab = x^2 + (a + b)x + ab$$

oder umgekehrt:

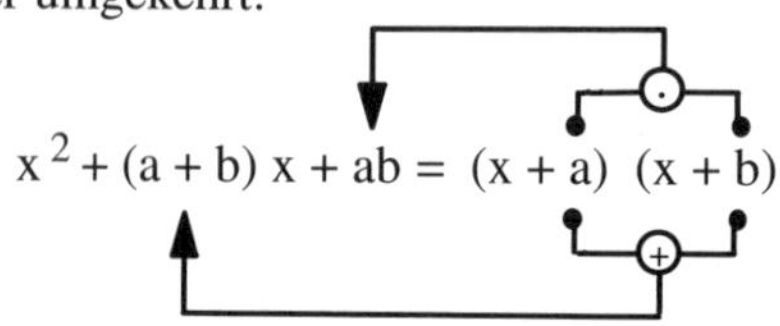


*Das bedeutet:*
Ein Term der Form $x^2 + \mathbf{p}x + \mathbf{q}$ läßt sich in das Produkt $(x + \mathbf{a})(x + \mathbf{b})$ verwandeln, wenn gilt:

1. Das konstante Glied (hier mit **q** bezeichnet) muß das **Produkt** der beiden Zahlen **a** und **b** sein.
2. Der Koeffizient von x (hier mit **p** bezeichnet) muß die **Summe** der beiden Zahlen **a** und **b** sein.

* Diese Zerlegungsart brauchst du nur dann zu bearbeiten, wenn sie im Unterricht besprochen wurde.

Es lassen sich folgende Fälle unterscheiden:

**Beide Zahlen a und b sind positiv:**

Beispiele:

1. Der Term $x^2 + 5x + 6$ soll in ein Produkt verwandelt werden.

   **Lösung:**

   $x^2 + 5x + 6$

   $6 = 1 \cdot 6 \qquad 1 + 6 = 7 \neq 5$

   $6 = 2 \cdot 3 \qquad 2 + 3 = 5 \;!$

   Also:

   $$2 \cdot 3 = 6$$

   $$x^2 + 5x + 6 = (x + 2)\,(x + 3)$$

   $$2x + 3x = 5x$$

   Probe:

   $$\begin{aligned}(x + 2)(x + 3) &= x^2 + 2x + 3x + 2 \cdot 3 \\ &= x^2 + (2 + 3)x + 2 \cdot 3 \\ &= x^2 + 5x + 6\end{aligned}$$

2. $x^2 + 11x + 24 = (x + 3)(x + 8)$

   **Lösung:**

   Probieren ergibt:

   $24 = 1 \cdot 24 = 2 \cdot 12 = 3 \cdot 8 = 4 \cdot 6$,

   aber nur $3 + 8 = 11$!

   Probe:

   $$\begin{aligned}(x + 3)(x + 8) &= x^2 + 3x + 8x + 3 \cdot 8 \\ &= x^2 + (3 + 8)x + 3 \cdot 8 \\ &= x^2 + 11x + 24\end{aligned}$$

   *Hinweis:* Man überlegt erst, in welche Faktoren sich das konstante Glied zerlegen läßt. Dann überprüft man, ob die Summe dieser Zahlen den Koeffizienten von x ergibt. Das Ausmultiplizieren des zerlegten Terms liefert eine weitere Kontrolle.

**Aufgaben**

**8.** Zerlege Zähler und Nenner in Faktoren. Kürze vollständig!

a) $\frac{x^2+3x+2}{x^2+4x+3}$ b) $\frac{x^2+6x+8}{x^2+7x+12}$

c) $\frac{x^2+8x+15}{x^2+9x+20}$ d) $\frac{x^2+9x+18}{x^2+10x+21}$

**Beide Zahlen a und b sind negativ:**

Beispiele:

1. $x^2-5x+6=(x-2)(x-3)$

**Lösungsweg:**
Das Produkt der Zahlen a und b muß 6 sein; ihre Summe muß $-5$ ergeben. Das bedeutet, daß a und b beide negativ sein müssen.
Probieren ergibt:
$6=(-1)\cdot(-6)$; $(-1)+(-6)=-1-6=-7$
$6=(-2)\cdot(-3)$; $(-2)+(-3)=-2-3=-5$!

Probe:
$$(x-2)(x-3)=x^2-2x-3x+(-2)(-3)=$$
$$=x^2+(-2-3)x+(-2)(-3)=$$
$$=x^2-5x+6$$

2. $x^2-8x+7=(x-1)(x-7)$

**Lösungsweg:**
Probieren ergibt:
$7=(-1)\cdot(-7)$; $(-1)+(-7)=-1-7=-8$

Probe:
$$(x-1)(x-7)=x^2-x-7x+(-1)(-7)=$$
$$=x^2+(-1-7)x+(-1)(-7)=$$
$$=x^2-8x+7$$

**Aufgaben**

**9.** Zerlege Zähler und Nenner in Faktoren. Kürze vollständig!

a) $\frac{x^2-4x+3}{x^2-5x+4}$ b) $\frac{x^2-7x+10}{x^2-6x+8}$

c) $\frac{x^2-9x+14}{x^2-10x+21}$ d) $\frac{x^2+10x+9}{x^2+12x+27}$

**Beide Zahlen a und b haben verschiedene Vorzeichen:**

Beispiele:

1. $x^2+x-2=(x+2)(x-1)$

**Lösungsweg:**
Das Produkt der Zahlen a und b muß –2 sein, d. h., a und b müssen verschiedene Vorzeichen haben. Ihre Summe muß 1 ergeben.
Probieren ergibt:
$-2=(+2)\cdot(-1)$ und $(+2)+(-1)=2-1=1$;
die andere mögliche Zerlegung $-2=(-2)\cdot(+1)$ trifft nicht zu, da die zugehörige Summe $(-2)+(+1)=-1$ beträgt.

Probe:
$$\begin{aligned}(x+2)(x-1) &= x^2+2x-x+(+2)(-1)\\ &= x^2+(2-1)x+(+2)(-1)\\ &= x^2+x-2\end{aligned}$$

2. $x^2-x-6=(x-3)(x+2)$

**Lösungsweg:**
Probieren ergibt:
$-6=(-1)\cdot(+6);\quad (-1)+(+6)=5$
$-6=(+1)\cdot(-6);\quad (+1)+(-6)=-5$
$-6=(+2)\cdot(-3);\quad (+2)+(-3)=-1!$
$-6=(-2)\cdot(+3);\quad (-2)+(+3)=1$

Probe:
$$\begin{aligned}(x-3)(x+2) &= x^2-3x+2x+(-3)(+2)\\ &= x^2+(-3+2)x+(-3)(+2)\\ &= x^2-x-6\end{aligned}$$

3. $x^2 - 3x - 10 = (x-5)(x+2)$

**Lösungsweg:**
Probieren ergibt:
$-10 = (-5) \cdot (+2)$ und $(-5) + (+2) = -5 + 2 = -3$;

Probe:
$$\begin{aligned}(x-5)(x+2) &= x^2 - 5x + 2x + (-5)(+2)\\ &= x^2 + (-5+2)x + (-5)(+2)\\ &= x^2 - 3x - 10\end{aligned}$$

**Aufgaben**

**10.** Zerlege Zähler und Nenner in Faktoren. Kürze vollständig!

a) $\dfrac{x^2+x-2}{x^2-x-6}$  b) $\dfrac{x^2+2x-3}{x^2-x-12}$

c) $\dfrac{x^2+2x-8}{x^2+x-6}$  d) $\dfrac{x^2+3x-4}{x^2+x-12}$

e) $\dfrac{x^2-8x-9}{x^2+6x+5}$  f) $\dfrac{x^2-12x+20}{x^2+3x-10}$

## Vermischte Aufgaben

**11.** Vereinfache soweit wie möglich! Zerlege durch Ausklammern, Vertauschen von Summanden oder Ausklammern von (–1).

a) $\frac{2a^5-3a^4-a^3}{4a^3-a^2+5a^4}$ b) $\frac{x^2y-4xy}{5x^2y+4xy^2}$

c) $\frac{a^4b-2a^2b^2}{2a^2b^2-ab^4}$ d) $\frac{24x^4-6x^2y^3+6x^2}{3x+12x^3-3xy^3}$

e) $\frac{18u^2v-24uv^2}{12uv-9u^2}$ f) $\frac{8ab^3-104a^3b}{169a^4b-13a^2b^3}$

**12.** Vereinfache soweit wie möglich! Zerlege mit Hilfe der binomischen Formeln.

a) $\frac{m^2-n^2}{m^2+2mn+n^2}$ b) $\frac{9a^2-12ab+4b^2}{9a^2-4b^2}$

c) $\frac{7m^2-6mn}{49m^2-42mn+36n^2}$ d) $\frac{24xy+16x^2+9y^2}{3xy+4x^2}$

e) $\frac{\frac{1}{4}m^2-\frac{1}{9}n^2}{\frac{1}{9}n^2+\frac{1}{3}nm+\frac{1}{4}m^2}$ f) $\frac{\frac{1}{16}a^2-\frac{1}{10}ab+\frac{1}{25}b^2}{\frac{1}{25}b^2-\frac{1}{16}a^2}$

g) $\frac{2u^4-7u^3v}{49v^2+4u^2-28uv}$ h) $\frac{x^2-xy}{x^3-2x^2y+xy^2}$

i) $\frac{m^3-3m^2n}{m^3-6m^2n+9mn^2}$ j) $\frac{p^4-p^2}{p^3+2p^2+p}$

k) $\frac{18a^3-2ab^2}{4b^2-12ab}$ l) $\frac{8p^3q-2pq^3}{pq^2+2p^2q}$

m) $\frac{25m^2n^2-5mn^3}{m^3n-25mn^3}$ n) $\frac{5u^3-u^2}{u-25u^3}$

**13.** Vereinfache soweit wie möglich! Zerlege durch mehrfaches Ausklammern.

a) $\dfrac{2ax+2ay+bx+by}{2a+b}$ b) $\dfrac{4x-10y+6ax-15ay}{4x^2-20xy+25y^2}$

c) $\dfrac{a^3-a^4-1+a}{1-a^3}$ d) $\dfrac{c^4-1}{c^3+c^2+c+1}$

e) $\dfrac{a^5-a}{a-1+a^3-a^2}$ f) $\dfrac{b-a^4b}{a^3-a^2+a-1}$

**14.** Vereinfache soweit wie möglich! Zerlege durch mehrmalige Anwendung der binomischen Formeln.

a) $\dfrac{a^2+2ab+b^2-c^2}{a+b+c}$ b) $\dfrac{a^2+2ab+b^2-c^2}{c-a-b}$

c) $\dfrac{a^2-4b^2+4bc-c^2}{2b-c-a}$ d) $\dfrac{x^2+y^2+2xy-z^2}{2z-2y-2x}$

**15.** Vereinfache soweit wie möglich! Zerlege durch Probieren.

a) $\dfrac{3z^2+15z-18}{9-9z^2}$ b) $\dfrac{a^3-3a^2-10a}{25a-10a^2+a^3}$

c) $\dfrac{400y^2-40y^3+y^4}{y^3-18y^2-40y}$

# Das Rechnen mit Bruchtermen

*Philipp Melanchthon* (1497–1560) Humanist und Reformator. Wegen seiner Gelehrsamkeit und wegen seiner Organisation des Unterrichts an den protestantischen Universitäten und Lateinschulen nannte man ihn *Praeceptor Germaniae,* Lehrer Deutschlands. – Kupferstich von Moritz Steinla nach einem Gemälde von Lucas Cranach d. Ä.

Um 1500 lernte man in der Schule nur das Addieren und Subtrahieren von natürlichen Zahlen. Das Multiplizieren und erst recht das Dividieren wurden an der Universität gelehrt, und man mußte den Studenten noch Mut machen, hier zu folgen. In einer Rede *Philipp Melanchthons* aus dem Jahre 1537 an die Studenten der Universität Wittenberg heißt es:

"Nachdem ich die Nützlichkeit (der Arithmetik) dargelegt habe, die allerdings ganz offenkundig ist, habe ich geglaubt, noch kurz einiges über ihre Leichtigkeit hinzufügen zu sollen. Ich weiß, daß die Studierenden von diesen Künsten sich durch das Vorurteil von ihrer Schwierigkeit zurückschrecken lassen. Was aber die Anfangsgründe der Arithmetik, wie sie in den Schulen behandelt zu werden pflegen und im täglichen Gebrauch angewandt werden, betrifft, so sind diejenigen gewaltig im Irrtum, die glauben, daß diese Dinge höchst schwierig seien. Diese Kunst entspringt aus der eigensten Natur des Menschengeistes und besitzt die zuverlässigsten Beweise. Daher können die Anfangsgründe weder dunkel noch schwierig sein, nein, vielmehr die ersten Regeln sind so durchsichtig, daß selbst Knaben sie begreifen können, weil alles ganz natürlich entsteht. Weiterhin die Regeln der Multiplikation und Division erfordern allerdings ziemlich viel mehr Fleiß, aber die Aufmerksamen werden auch hier die Zusammenhänge schnell durchschauen können. Übung und Anwendung erfordert diese Kunst zwar, wie alle anderen ..."

Und wie sieht das heute aus? Du hast das Dividieren natürlicher Zahlen bereits in der Grundschule gelernt. Auch mit Brüchen kannst du schon umgehen. Mit den Anfängen der Algebra – dem Rechnen mit Variablen – hast du dich in der 7. Jahrgangsstufe beschäftigt.

Aus dem Rechnen mit Brüchen entwickelte sich in der Algebra das Rechnen mit Bruchtermen. Davon handeln die folgenden Seiten.

# 3 Addition und Subtraktion von Bruchtermen

## 3.1 Addition und Subtraktion von Brüchen

Die Addition und Subtraktion von Bruchtermen wird nach dem gleichen Prinzip ausgeführt wie die Addition und Subtraktion von Brüchen. Deshalb soll zunächst das Verfahren bei Brüchen wiederholt und anschließend auf Bruchterme übertragen werden.

**So addiert man Brüche**

**Gleichnamige Brüche** (Brüche mit gleichem Nenner) werden addiert (subtrahiert), indem man ihre Zähler addiert (subtrahiert) und den Nenner beibehält.
**Nicht gleichnamige Brüche** müssen zuerst auf gleichen Nenner, den Hauptnenner (HN), gebracht werden.

**Der Hauptnenner wird gebildet,** indem man
1. die Nenner in Primfaktoren zerlegt und
2. alle vorkommenden Primfaktoren multipliziert.
3. Tritt ein Primfaktor mehrfach auf, so ist davon die höchste vorkommende Potenz zu nehmen.

Beispiele:

1. Fasse zusammen:
   $\frac{5}{8}+\frac{3}{4}-\frac{5}{6}+\frac{1}{3}$

   **Lösung:**
   Die Nenner werden jeweils in Primfaktoren zerlegt:
   $8=2\cdot 2\cdot 2=2^3;$
   $4=2\cdot 2=2^2;$
   $6=2\cdot 3;$
   $3=3$

Die vorkommenden Primfaktoren sind 2 und 3. Da 2 mehrfach auftritt, ist davon die höchste vorkommende Potenz $2^3$ zu nehmen. Also:

**HN = $2^3 \cdot 3$**

Damit die Brüche gleichnamig werden, muß mit den noch **zum HN fehlenden Faktoren** erweitert werden. Dies verändert den Wert der einzelnen Brüche natürlich nicht. Die Nenner werden dabei zweckmäßigerweise in Faktoren zerlegt angeschrieben.

$$\frac{5 \cdot \mathbf{3}}{2^3 \cdot \mathbf{3}} + \frac{3 \cdot \mathbf{2} \cdot \mathbf{3}}{2^2 \cdot \mathbf{2} \cdot \mathbf{3}} - \frac{5 \cdot \mathbf{2^2}}{2 \cdot 3 \cdot \mathbf{2^2}} + \frac{1 \cdot \mathbf{2^3}}{3 \cdot \mathbf{2^3}}$$

Alle Brüche besitzen jetzt den gleichen Nenner $2^3 \cdot 3$. Ihre Zähler können nun addiert und zusammengefaßt werden.

$$\frac{5 \cdot 3 + 3 \cdot 2 \cdot 3 - 5 \cdot 2^2 + 1 \cdot 2^3}{2^3 \cdot 3} = \frac{15 + 18 - 20 + 8}{2^3 \cdot 3} = \frac{21}{2^3 \cdot 3} = \frac{7 \cdot 3}{2^3 \cdot 3} = \frac{7}{8}$$

2. Fasse zusammen:

$$\frac{1}{10} - \frac{2}{9} + \frac{3}{5} - \frac{7}{30}$$

**Lösung:**

Zerlegen der Nenner in Primfaktoren:

$$10 = \mathbf{2} \cdot \mathbf{5}$$
$$9 = 3 \cdot 3 = \mathbf{3^2}$$
$$5 = 5$$
$$30 = 2 \cdot 3 \cdot 5$$

Multiplizieren der jeweils höchsten Potenzen:

**HN = $2 \cdot 3^2 \cdot 5 = 90$**

Erweiterung auf den HN, zusammenfassen und vereinfachen:

$$\frac{1}{10} - \frac{2}{9} + \frac{3}{5} - \frac{7}{30} = \frac{1 \cdot 9}{90} - \frac{2 \cdot 10}{90} + \frac{3 \cdot 18}{90} - \frac{7 \cdot 3}{90}$$
$$= \frac{9 - 20 + 54 - 21}{90}$$
$$= \frac{22}{90}$$
$$= \frac{11}{45}$$

**Aufgaben**

**16.** Ermittle jeweils den Hauptnenner und fasse zusammen! Halte dich dabei genau an die Schritte im letzten Beispiel!

a) $\frac{5}{18}-\frac{1}{6}-\frac{11}{24}+\frac{2}{9}$  b) $\frac{1}{6}-\frac{11}{15}+\frac{17}{20}-\frac{13}{12}$

c) $\frac{7}{18}-\frac{5}{21}+\frac{8}{63}+\frac{1}{6}$  d) $\frac{19}{28}+\frac{1}{4}+\frac{1}{14}+1$

## 3.2 Addition und Subtraktion einfacher Bruchterme

Für die Addition und Subtraktion von Bruchtermen gilt im Prinzip dasselbe Schema wie für die Addition und Subtraktion von Brüchen. Mit einer Ergänzung läßt sich das Schema in 4 Schritte aufteilen. Die Bedingung "Nenner ungleich Null" sei stets erfüllt.

**So addiert man Bruchterme**

1. Können einzelne Bruchterme vereinfacht werden?
2. Suche nach dem Hauptnenner (HN):
   Alle Nenner werden in Faktoren zerlegt. Der HN ist das Produkt der jeweils höchsten Potenzen aller vorkommenden Faktoren der Nenner.
3. Erweitern auf HN:
   Jeder Bruch wird angeschrieben; der Nenner ist dabei in Faktoren zerlegt. Jeder Bruch wird mit den zum HN fehlenden Faktoren erweitert.
4. Zusammenfassen und vereinfachen:
   Alle Zähler werden auf einen Bruchstrich geschrieben, evtl. ausmultipliziert und zusammengefaßt. Kürzen nicht vergessen!

Beispiel:

Fasse zusammen:

$$\frac{5b^2-4a^2}{4ab^3}-\frac{a^2-b}{6a^2b}+\frac{ac}{b^3c}-\frac{15+4a}{12ab}$$

**Lösung:**

*Schritt 1:* Nur der dritte Term kann vereinfacht werden: $\frac{ac}{b^3c} = \frac{a}{b^3}$

Die Aufgabe kann deshalb auch so geschrieben werden:

$$\frac{5b^2 - 4a^2}{4ab^3} - \frac{a^2 - b}{6a^2b} + \frac{a}{b^3} - \frac{15 + 4a}{12ab}$$

Das verkürzt die Lösung wesentlich.

*Schritt 2:* Suche nach dem Hauptnenner

$4ab^3 = \mathbf{2^2} \cdot a \cdot b^3$
$6a^2b = 2 \cdot \mathbf{3} \cdot \mathbf{a^2} \cdot b$
$b^3 \quad = \mathbf{b^3}$
$12ab = 2^2 \cdot 3 \cdot a \cdot b$

Als Faktoren der Nenner kommen vor: 2; 3; a; b
Der HN ist das Produkt ihrer höchsten Potenzen, deshalb
**HN =** $\mathbf{2^2 \cdot 3 \cdot a^2 \cdot b^3 = 12a^2b^3}$

*Schritt 3:* Erweitern auf den Hauptnenner

$$\frac{(5b^2 - 4a^2) \cdot \mathbf{3a}}{2^2 \cdot a \cdot b^3 \cdot \mathbf{3a}} - \frac{(a^2 - b) \cdot \mathbf{2b^2}}{2 \cdot 3a^2b \cdot \mathbf{2b^2}} + \frac{a \cdot \mathbf{2^2 \cdot 3 \cdot a^2}}{b^3 \cdot \mathbf{2^2 \cdot 3 \cdot a^2}} - \frac{(15 + 4a) \cdot \mathbf{ab^2}}{2^2 \cdot 3ab \cdot \mathbf{ab^2}}$$

Der **ganze Zähler** muß mit den fehlenden Faktoren erweitert werden, deshalb sind bei Summen im Zähler **Klammern notwendig.**

*Schritt 4:* Zusammenfassen und vereinfachen

$$\frac{(5b^2 - 4a^2) \cdot 3a - (a^2 - b) \cdot 2b^2 + a \cdot 12a^2 - (15 + 4a) \cdot ab^2}{12a^2b^3} =$$

$$= \frac{15ab^2 - 12a^3 - (2a^2b^2 - 2b^3) + 12a^3 - (15ab^2 + 4a^2b^2)}{12a^2b^3} =$$

**Klammerregel:** Steht ein Plus vor der Klammer, kann die Klammer ohne weiteres weggelassen werden. Steht ein Minus vor der Klammer und wird die Klammer weggelassen, dann müssen die Rechenzeichen in der Klammer geändert werden.

$$= \frac{15ab^2 - 12a^3 - 2a^2b^2 + 2b^3 + 12a^3 - 15ab^2 - 4a^2b^2}{12a^2b^3} =$$

$$= \frac{-6a^2b^2 + 2b^3}{12a^2b^3} = \frac{2b^3 - 6a^2b^2}{12a^2b^3} =$$

Der Zähler läßt sich durch Ausklammern in Faktoren zerlegen. Damit ist eine Vereinfachung durch Kürzen möglich.

$$= \frac{2b^2(b-3a^2)}{12a^2b^3} = \frac{b-3a^2}{6a^2b}$$

*Beachte:* Wer bei diesen Aufgaben Erfolg haben will, **muß sich ganz genau an diese 4 Punkte halten.** Es treten sonst nur unnötige Probleme auf.

**Aufgaben**

**17.** Fasse soweit wie möglich zusammen. "Nenner ungleich Null" sei stets erfüllt.

a) $\frac{1-3x^2}{4x} - \frac{x^2-6}{2x^2} + \frac{7+6x}{8} - \frac{9}{3x^2}$

b) $\frac{(1-a^2)a}{4a^4} - \frac{9-2a}{36a} + \frac{3+a^2}{9a^2} - \frac{4a+3}{12a^3}$

c) $\frac{9a-7}{20a} + \frac{ab-5a}{10a^2b} - \frac{4a^2-3b}{4ab^2} - \frac{b^2-5a}{5b^2}$

## 3.3 Addition und Subtraktion allgemeiner Bruchterme

Für die Bearbeitung dieses Abschnitts ist **eine wesentliche Voraussetzung**, daß das Zerlegen von Termen und das Kürzen von Bruchtermen beherrscht wird.
Die Bedingung "Nenner ungleich Null" sei auch im folgenden stets erfüllt.

Beispiel:

Fasse zusammen:

$$\frac{(2x+y)y}{(3x-3y)y}-\frac{x-2y}{2x+2y}-\frac{\frac{1}{2}x(3x+13y)-2y^2}{3x^2-3y^2}$$

**Lösung:**

*Schritt 1:* Der erste Bruchterm wird vereinfacht

$$\frac{(2x+y)y}{(3x-3y)y}=\frac{2x+y}{3x-3y}$$

Dadurch erhält man einen einfacheren Hauptnenner. Dies verkürzt die Rechnung wesentlich. Löst man dazu im dritten Term die Klammer auf, so ergibt sich:

$$\frac{2x+y}{3x-3y}-\frac{x-2y}{2x+2y}-\frac{\frac{3}{2}x^2+\frac{13}{2}xy-2y^2}{3x^2-3y^2}$$

*Schritt 2:* Suche nach dem Hauptnenner

$3x-3y \quad = 3(x-y)$

$2x+2y \quad = 2(x+y)$

$3x^2-3y^2 = 3(x^2-y^2) = 3(x-y)(x+y)$

$\mathbf{HN = 2 \cdot 3\,(x+y)(x-y) = 6(x+y)(x-y)}$

*Schritt 3:* Erweitern auf den Hauptnenner

$$\frac{(2x+y)\cdot \mathbf{2(x+y)}}{3(x-y)\cdot \mathbf{2(x+y)}}-\frac{(x-2y)\cdot \mathbf{3(x-y)}}{2(x+y)\cdot \mathbf{3(x-y)}}-\frac{\left(\frac{3}{2}x^2+\frac{13}{2}xy-2y^2\right)\cdot \mathbf{2}}{3(x-y)(x+y)\cdot \mathbf{2}}=$$

*Schritt 4:* Zusammenfassen und vereinfachen

$$=\frac{2(2x+y)(x+y)-3(x-2y)(x-y)-2\left(\frac{3}{2}x^2+\frac{13}{2}xy-2y^2\right)}{6(x-y)(x+y)}=$$

Es ist zweckmäßig, zuerst die Klammern auszumultiplizieren und anschließend mit den davorstehenden Faktoren zu multiplizieren.

$$= \frac{2(2x^2+2xy+xy+y^2)-3(x^2-xy-2xy+2y^2)-(3x^2+13xy-4y^2)}{6(x-y)(x+y)} =$$

Ein Minuszeichen vor der Klammer ändert bei ihrer Auflösung alle Vorzeichen in der Klammer!

$$= \frac{4x^2+6xy+2y^2-3x^2+9xy-6y^2-3x^2-13xy+4y^2}{6(x-y)(x+y)} =$$

$$= \frac{-2x^2+2xy}{6(x-y)(x+y)}$$

Dieser Term läßt sich noch vereinfachen:

$$= \frac{-2x(x-y)}{6(x-y)(x+y)} = \frac{-x}{3(x+y)} = -\frac{x}{3(x+y)}$$

*Hinweis:* Um gemeinsame Faktoren des Zählers und des Nenners besser zu erkennen, ist es zweckmäßig, den HN in Faktoren zerlegt zu lassen.

## Aufgaben

**18.** Vereinfache soweit wie möglich.

a) $\frac{3a}{a-b} - \frac{5b}{a+b} - \frac{2(a^2+2b^2)}{a^2-b^2}$

b) $\frac{3a}{a+b} - \frac{b}{4a+4b} - \frac{a(11a-15b)}{4a^2-4b^2}$

c) $\frac{3a}{2a-2b} - \frac{2(2ab+2b^2)}{10a^2-10b^2} + \frac{7b}{5a-5b}$

d) $\frac{a-b}{2a+2b} - \frac{5(a-b)}{15a+15b} + \frac{1{,}5a^2+4ab+2{,}5b^2}{3b^2+6ab+3a^2}$

e) $\frac{3x-y}{2x-2y} - \frac{1{,}5(5x^2+y^2)-9xy}{5y^2-10xy+5x^2} + \frac{9y-3x}{30x-30y}$

Bei der Zerlegung in Faktoren ist es manchmal nötig, (–1) auszuklammern, um einen möglichst einfachen Hauptnenner zu erhalten.

Beispiel:

Fasse zusammen:

$$\frac{x-4y}{2x-2y}-\frac{\frac{1}{2}x+y}{y-x}$$

**Lösung:**
*Schritt 1:* Wir bestimmen den Hauptnenner
$2x-2y=2(x-y)$
Beim 2. Nenner muß muß man erkennen, daß sich dieser durch den bereits vorkommenden Faktor $(x-y)$ ausdrücken läßt:
$y-x=(-1)(x-y)=-(x-y)$
Um zu vermeiden, daß der HN ein Minuszeichen (bzw. den Faktor –1) enthält, wird der 2. Bruchterm umgeschrieben und das Minuszeichen im Nenner vor den Bruchterm gezogen.

$$\underset{\uparrow}{\frac{x-4y}{2(x-y)}\;-}\;\underset{\uparrow}{\frac{\frac{1}{2}x+y}{-(x-y)}}=\frac{x-4y}{2(x-y)}\underset{\uparrow}{+}\frac{\frac{1}{2}x+y}{(x-y)}$$

Dadurch sieht man leicht, daß gilt:
**HN = 2(x – y)**

*Schritt 2:* Auf den Hauptnenner erweitert, zusammengefaßt und vereinfacht

$$\frac{x-4y}{2(x-y)}+\frac{\left(\frac{1}{2}x+y\right)\cdot\mathbf{2}}{(x-y)\cdot\mathbf{2}}=\frac{x-4y+2\left(\frac{1}{2}x+y\right)}{2(x-y)}$$

$$=\frac{x-4y+x+2y}{2(x-y)}$$

$$=\frac{2x-2y}{2(x-y)}$$

$$=\frac{2(x-y)}{2(x-y)}$$

$$=1$$

*Beachte:* **Der Hauptnenner enthält keinen Faktor (–1).** Ein Faktor (–1) in einem Nenner wird mit dem Vorzeichen dieses Bruchterms kombiniert.

**Aufgaben**

**19.** Vereinfache, unter Berücksichtigung der Merkregel, soweit wie möglich!

a) $\frac{4z+y}{z-y}+\frac{3z+2y}{y-z}$

b) $\frac{8a+3b}{4a-4b}-\frac{\frac{1}{4}b-a}{b-a}$

c) $\frac{2x+y}{2x+2y}+\frac{y+x}{y-x}+\frac{x^2+\frac{3}{2}y(x+y)}{x^2-y^2}$

d) $\frac{7x-14y}{14y-14x}-\frac{x-3y}{6x-6y}+\frac{x^2-4,5xy+3,5y^2}{3x^2-6xy+3y^2}$

# Vermischte Aufgaben

**20.** Vereinfache soweit wie möglich!

a) $\frac{3x-1}{4x^2+8x+4}+\frac{1}{12x-12}+\frac{0,5-x}{3x^2-3}$

b) $\frac{5}{8x+16}-\frac{x-4}{8-8x+2x^2}+\frac{11+0,5x}{4x^2-16}$

c) $\frac{2q-p}{p^2-pq}-\frac{p}{p+q}+\frac{p^2(p-q)-2q^2}{p^3-pq^2}$

d) $\frac{a(a^2-2b)+b^2(2-a)}{a^3-2a^2b+ab^2}-\frac{a+b}{a-b}+\frac{a+b}{a^2-ab}$

e) $\frac{-(u+3v)}{u^2+uv}-\frac{u}{v-u}+\frac{u^2(1-v)-(5+u)v^2}{u^3-uv^2}-1$

f) $\frac{a}{2a-2}+\frac{\frac{1}{2}a^2(3-a)+3-4a}{a-2a^2+a^3}+\frac{a+3}{2a^2-2a}$

g) $\dfrac{3a}{2a+4}+\dfrac{2(a-3)}{2a^2-a^3}+\dfrac{3a^3\left(1-\frac{1}{2}a\right)+a^2-12}{a^4-4a^2}$

Bei der folgenden Aufgabe müssen die Nenner durch Probieren in Faktoren zerlegt werden (vergleiche dazu nochmals Abschnitt 2.6). Du solltest diese Aufgabe jedoch nur dann bearbeiten, wenn diese Zerlegung auch im Unterricht besprochen wurde.

h) $\dfrac{3}{x^2+x-12}+\dfrac{2-\frac{4}{7}x}{2x^2-14x+24}+\dfrac{\frac{11}{7}x-4}{2x^2-32}$

# 4 Multiplikation und Division von Bruchtermen

## 4.1 Multiplikation von Bruchtermen

Die Multiplikation von Bruchtermen wird genauso durchgeführt wie die Multiplikation von Brüchen.

**So multipliziert man Brüche**

Zwei Brüche werden multipliziert, indem man
1. das Produkt der Zähler in den Zähler des neuen Bruches,
2. das Produkt der Nenner in den Nenner des neuen Bruches schreibt und
3. vor dem Ausmultiplizieren kürzt.

Beispiele:

1. $\frac{15}{28} \cdot \frac{32}{35} = \frac{15 \cdot 32}{28 \cdot 35} = \frac{3 \cdot \mathbf{5} \cdot \mathbf{4} \cdot 8}{\mathbf{4} \cdot 7 \cdot \mathbf{5} \cdot 7} = \frac{3 \cdot 8}{7 \cdot 7} = \frac{24}{49}$

   Zuerst werden beide Brüche mit einem Bruchstrich geschrieben. Durch weiteres Zerlegen des Zählers und des Nenners lassen sich gemeinsame Faktoren kürzen.

2. $\frac{9}{14} \cdot 21 = \frac{9}{14} \cdot \frac{21}{1} = \frac{9 \cdot 21}{14 \cdot 1} = \frac{9 \cdot 3 \cdot \mathbf{7}}{2 \cdot \mathbf{7}} = \frac{9 \cdot 3}{2} = \frac{27}{2}$

   Wird ein Bruch mit einer Zahl multipliziert, so wandelt man diese in einen Bruch mit dem Nenner 1 um. Danach läßt sich die Multiplikationsregel anwenden und kürzen.

Bei **Bruchtermen** geht man in gleicher Weise vor. Die Bedingung "Nenner ungleich Null" sei stets erfüllt.

Beispiele:

1. $$\frac{4ab}{15cd}\cdot\frac{25ad}{6bc}=\frac{4ab\cdot 25ad}{15cd\cdot 6bc}=\frac{2\cdot\mathbf{2}\cdot\mathbf{5}\cdot 5\cdot a^2\cdot\mathbf{b}\cdot\mathbf{d}}{3\cdot\mathbf{5}\cdot\mathbf{2}\cdot 3\cdot\mathbf{b}\cdot c^2\cdot\mathbf{d}}=\frac{10a^2}{9c^2}$$

   Zuerst werden beide Brüche mit einem Bruchstrich geschrieben. Durch weiteres Zerlegen des Zählers und des Nenners lassen sich gemeinsame Faktoren kürzen.

2. $$\frac{xy}{3y-3x}\cdot\frac{x^2-y^2}{2x^2y}=\frac{xy\cdot(x^2-y^2)}{(3y-3x)\cdot 2x^2y}=\frac{\mathbf{xy}\cdot(\mathbf{x}-\mathbf{y})\cdot(x+y)}{-3\cdot(\mathbf{x}-\mathbf{y})\cdot 2x\cdot\mathbf{xy}}=-\frac{x+y}{6x}$$

   Kommen im Zähler oder Nenner Summen oder Differenzen vor, so sind Klammern zu setzen! Man erkennt, daß sich $x^2-y^2$ mit Hilfe der binomischen Formel und $3y-3x$ durch Ausklammern von $-3$ weiter zerlegen lassen. Durch Kürzen gemeinsamer Faktoren wird der Bruchterm weiter vereinfacht.

3. $$\frac{2x^3y-2xy^3}{2x^2-3xy}\cdot(4xy-6y^2)=\frac{2x^3y-2xy^3}{2x^2-3xy}\cdot\frac{4xy-6y^2}{1}=$$

   Zuerst wird der einfache Term in einen Bruchterm mit dem Nenner 1 umgewandelt, dann die Multiplikationsregel angewendet:

   $$=\frac{(2x^3y-2xy^3)\cdot(4xy-6y^2)}{(2x^2-3xy)\cdot 1}=\frac{2\mathbf{x}y\cdot(x^2-y^2)\cdot 2y\cdot(\mathbf{2x}-\mathbf{3y})}{\mathbf{x}\cdot(\mathbf{2x}-\mathbf{3y})}=$$

   Durch Ausklammern lassen sich gemeinsame Faktoren in Zähler und Nenner kürzen. Dabei ist es nicht nötig, den Term $(x^2-y^2)$ zu zerlegen, wenn man erkennt, daß der Nenner keinen seiner Faktoren enthält.

   $$=\frac{4y^2\cdot(x^2-y^2)}{1}=4y^2\cdot(x^2-y^2)$$

**Aufgaben**

**21.** Gib als einen einzigen gekürzten Bruchterm an. Zerlege dazu, soweit nötig, Zähler und Nenner in Faktoren.

a) $\frac{3x^2y}{2ab^2} \cdot \frac{4ab}{5xy}$

b) $\frac{18a^3b}{11c^2} \cdot \left(-\frac{121a}{54b}\right)$

c) $\left(-\frac{2x}{3y}\right)^2 \cdot \frac{-6y^3z}{5x^3}$

d) $\frac{2u+2v^2}{3u-3v} \cdot \frac{5u-5v}{4u+4v^2}$

e) $\frac{x^2-4y^2}{4x^2y} \cdot \frac{2x^3+4x^2y}{3x-6y}$

f) $\frac{x^2-2xz+z^2}{4x} \cdot \frac{2x^2+2xz}{3z-3x}$

g) $\frac{a^2}{a^2+2a+1} \cdot (2a^2-2)$

h) $(4u^2-20uv+25v^2) \cdot \frac{-3uv}{4u-10v}$

## 4.2 Division von Bruchtermen

Vertauscht man bei einem Bruch Zähler und Nenner, so erhält man seinen **Kehrbruch.**

**So werden Brüche dividiert**

Ein Bruch wird durch einen zweiten Bruch dividiert, indem man den ersten Bruch mit dem **Kehrbruch des zweiten Bruches multipliziert.**

Beispiel:

$$\frac{15}{26} : \frac{6}{13} = \frac{15}{26} \cdot \frac{13}{6} = \frac{\mathbf{3} \cdot 5 \cdot \mathbf{13}}{2 \cdot \mathbf{13} \cdot 2 \cdot \mathbf{3}} = \frac{5}{4}$$

Diese Divisionsregel gilt in gleicher Weise für **Bruchterme**. Für alle auftretenden Nenner sei die Bedingung "Nenner ungleich Null" stets erfüllt.

Beispiele:

1. $$\frac{6a^2b}{5cd} : \frac{3ac}{2bd} = \frac{6a^2b}{5cd} \cdot \frac{2bd}{3ac}$$

   Die Division durch einen Bruchterm wird auf die Multiplikation mit dem Kehrbruch zurückgeführt. Das Produkt der beiden Brüche wird wie im vorhergehenden Abschnitt weiter umgeformt:

   $$\frac{6a^2b}{5cd} \cdot \frac{2bd}{3ac} = \frac{6a^2b \cdot 2bd}{5cd \cdot 3ac} = \frac{\mathbf{3} \cdot 2 \cdot 2 \cdot \mathbf{a} \cdot a \cdot b^2 \cdot \mathbf{d}}{5 \cdot \mathbf{3} \cdot \mathbf{a} \cdot c^2 \cdot \mathbf{d}} = \frac{4ab^2}{5c^2}$$

2. $$\frac{2x^3 + 2xy^2}{3x + 6y} : \frac{-2xy}{x + 2y} = \frac{2x^3 + 2xy^2}{3x + 6y} \cdot \frac{x + 2y}{-2xy}$$
   $$= \frac{2x \cdot (x^2 + y^2) \cdot \mathbf{(x + 2y)}}{3 \cdot \mathbf{(x + 2y)} \cdot (-2xy)} = \frac{\mathbf{2x} \cdot (x^2 + y^2)}{-3 \cdot \mathbf{2x}y}$$
   $$= -\frac{x^2 + y^2}{3y}$$

   Zuerst wird mit dem Kehrbruch (des zweiten Bruches) multipliziert. Beim Zusammenfassen zu einem Bruchterm werden die Terme $2x^3 + 2xy^2$ und $3x + 6y$ in Faktoren zerlegt; die Terme $x + 2y$ (nicht zerlegbar) und $-2xy$ (wegen des Vorzeichens) müssen mit Klammern geschrieben werden. Das Minuszeichen von $-2xy$ läßt sich zunächst im Nenner vorziehen, dann vor den Bruchstrich schreiben.

3. $$\frac{a^4 - b^4}{a + 2b} : (a^2b + b^3) = \frac{a^4 - b^4}{a + 2b} : \frac{a^2b + b^3}{1}$$
   $$= \frac{a^4 - b^4}{a + 2b} \cdot \frac{1}{a^2b + b^3} = \frac{\mathbf{(a^2 + b^2)} \cdot (a^2 - b^2) \cdot 1}{(a + 2b) \cdot b \cdot \mathbf{(a^2 + b^2)}}$$
   $$= \frac{a^2 - b^2}{(a + 2b) \cdot b}$$

   Der Term $a^2b + b^3$ wird als Bruch mit dem Nenner 1 geschrieben und dann die Divisionsregel angewendet. Durch Zerlegen des Zählers und des Nenners in Faktoren läßt sich der gemeinsame Faktor $a^2 + b^2$ kürzen.

Ein Bruch, der im Zähler oder Nenner einen Bruchterm enthält, heißt **Doppelbruch**. Da hier mehrere Bruchstriche vorkommen, wird der **Hauptbruchstrich** genau in der Höhe des Gleichheitszeichens geschrieben.

**So vereinfacht man Doppelbrüche**

Doppelbrüche werden vereinfacht, indem man den Hauptbruchstrich durch das Divisionszeichen ersetzt und dann die Divisionsregel anwendet.

Beispiel:

$$\frac{\frac{x}{x^2-1}}{\frac{x+1}{x-1}} = \frac{x}{x^2-1} : \frac{x+1}{x-1} = \frac{x}{x^2-1} \cdot \frac{x-1}{x+1}$$

Der Hauptbruchstrich wird durch das Divisionszeichen ersetzt und dann wird mit dem Kehrbruch des zweiten Bruchterms multipliziert. Durch Faktorzerlegung kann man weiter vereinfachen:

$$\frac{x}{x^2-1} \cdot \frac{x-1}{x+1} = \frac{x(\mathbf{x-1})}{(x+1)\cdot(\mathbf{x-1})\cdot(x+1)} = \frac{x}{(x+1)^2}$$

**Aufgaben**

**22.** Gib als einen einzigen gekürzten Bruch an. Zerlege dazu, soweit nötig, Zähler und Nenner in Faktoren.

a) $\frac{15a}{8b} : \frac{9a^2}{10b}$

b) $\frac{18x^2}{5y} : \frac{27x}{20y^2}$

c) $\frac{0,3a^3b^2}{4c^2} : \frac{9a^2c^2}{0,8b^2}$

d) $\frac{\frac{11}{7}x^2y^4}{3z^3} : \frac{\frac{55}{6}y^2z}{x^2}$

e) $\frac{x+y}{x-y} : \frac{x}{x^2-y^2}$

f) $\frac{4x^2-9y^2}{3x+2y} : \frac{6y-4x}{6y+9x}$

g) $\frac{\frac{a}{x^2}}{\frac{ax}{b}}$

h) $\frac{\frac{uv}{w^2}}{\frac{vw}{u}}$

i) $\dfrac{\dfrac{x^2 + ax}{a^2 - ax}}{\dfrac{x^2}{a - x}}$  j) $\dfrac{\dfrac{s + t}{st}}{\dfrac{s^2 + st}{st^2 + st}}$

k) $\dfrac{\dfrac{a^2 - 4}{a}}{a^3 + 4a^2 + 4a}$  l) $\dfrac{2x^2 - 12x + 18}{\dfrac{x^2 - 9}{2x}}$

## 4.3 Aufgaben mit allen vier Rechenarten

In diesem Abschnitt findest du Aufgaben, die neben dem Multiplizieren und Dividieren auch das schwierigere Addieren und Subtrahieren von Bruchtermen enthalten. Eine erfolgreiche Bearbeitung dieser Aufgaben setzt deshalb voraus, daß du das auf Seite 20 behandelte Schema zur Addition und Subtraktion von Bruchtermen sicher anwenden kannst.

Vor der Bearbeitung einer solchen Aufgabe sollte stets überlegt werden, welche **Rechenvorschriften** für Bruchterme darin vorkommen, und in welcher **Reihenfolge** diese auszuführen sind.

Beispiele:

1. Fasse zusammen:

$$\left(\frac{2x}{y} - \frac{y}{2x}\right) : \frac{4x^2 - 2xy}{xy - y^2} + \left(\frac{y}{2x}\right)^2$$

**Lösung:**

*Schritt 1:* Wir fassen in einer Nebenrechnung in der 1. Klammer zusammen

$$\left(\frac{2x}{y} - \frac{y}{2x}\right) = \left(\frac{2x \cdot 2x}{2xy} - \frac{y \cdot y}{2xy}\right) = \frac{4x^2 - y^2}{2xy}$$

und lösen die 2. Klammer auf

$$\left(\frac{y}{2x}\right)^2 = \frac{y \cdot y}{2x \cdot 2x} = \frac{y^2}{4x^2}$$

Der Gesamtterm kann also geschrieben werden:

$$\frac{4x^2-y^2}{2xy}:\frac{4x^2-2xy}{xy-y^2}+\frac{y^2}{4x^2}$$

*Schritt 2:* Nach der Regel "Punktrechnung vor Strichrechnung", wird erst dividiert und dann addiert. Wir erinnern uns: Bruchterme werden dividiert, indem der 1. Term mit dem Kehrbruch des 2. Terms multipliziert wird. Also:

$$\begin{aligned}\frac{4x^2-y^2}{2xy}\cdot\frac{xy-y^2}{4x^2-2xy}+\frac{y^2}{4x^2} &= \frac{(2x+y)\cdot(2x-y)}{2xy}\cdot\frac{y\cdot(x-y)}{2x\cdot(2x-y)}+\frac{y^2}{4x^2}\\ &= \frac{(2x+y)\cdot(2x-y)\cdot y\cdot(x-y)}{2xy\cdot 2x\cdot(2x-y)}+\frac{y^2}{4x^2}\\ &= \frac{(2x+y)\cdot(x-y)}{4x^2}+\frac{y^2}{4x^2}\end{aligned}$$

*Schritt 3:* Wir addieren die gleichnamigen Bruchterme

$$\begin{aligned}\frac{(2x+y)\cdot(x-y)+y^2}{4x^2} &= \frac{2x^2-2xy+xy-y^2+y^2}{4x^2}\\ &= \frac{2x^2-xy}{4x^2}\\ &= \frac{\mathbf{x}\cdot(2x-y)}{4x\cdot\mathbf{x}}\\ &= \frac{2x-y}{4x}\end{aligned}$$

2. Vereinfache so weit wie möglich:

$$\frac{\frac{2}{x}+\frac{x^2+2x+2}{x^2+x}}{1+\frac{1}{x+1}}$$

**Lösung:**

Zur Auflösung des Doppelbruches wird der Hauptbruchstrich durch das Divisionszeichen ersetzt (Klammern setzen!). Also:

$$\left(\frac{2}{x}+\frac{x^2+2x+2}{x^2+x}\right):\left(1+\frac{1}{x+1}\right)$$

*Schritt 1:* Wir fassen in den Klammern zusammen

$$\left(\frac{2}{x}+\frac{x^2+2x+2}{x(x+1)}\right):\left(1+\frac{1}{x+1}\right)=$$

HN = x(x + 1) HN = x + 1

$$=\left(\frac{2\cdot(x+1)}{x\cdot(x+1)}+\frac{x^2+2x+2}{x\cdot(x+1)}\right):\left(\frac{x+1}{x+1}+\frac{1}{x+1}\right)=$$

$$=\frac{2x+2+x^2+2x+2}{x\cdot(x+1)}:\frac{x+1+1}{x+1}$$

*Schritt 2:* Wir dividieren, indem wir den 1. Term mit dem Kehrbruch des 2. Terms multiplizieren. Also:

$$\frac{x^2+4x+4}{x(x+1)}:\frac{x+2}{x+1}=\frac{(x+2)^2}{x\cdot(x+1)}\cdot\frac{x+1}{x+2}$$

$$=\frac{(x+2)^2\cdot(x+1)}{x\cdot(x+1)\cdot(x+2)}$$

$$=\frac{(x+2)\cdot\mathbf{(x+2)}\cdot\mathbf{(x+1)}}{x\cdot\mathbf{(x+1)}\cdot\mathbf{(x+2)}}$$

$$=\frac{x+2}{x}$$

## Aufgaben

**23.** Vereinfache zu einem einzigen gekürzten Bruchterm.

a) $\left(\frac{x}{x+1}-\frac{x-1}{x}\right)\cdot\frac{x^2+2x+1}{x}$

b) $\left(\frac{x}{y}-\frac{x-1}{y+1}\right):\frac{x^2+2xy+y^2}{2y+2}$

c) $\left(\frac{1}{4x}+\frac{1}{2x^2}\right)\cdot\left(\frac{1}{x}+\frac{1}{x+2}\right)$

d) $\left(\frac{1}{2a^2b}+\frac{1}{3ab^2}\right):\left(\frac{2}{b}+\frac{3}{a}\right)$

e) $\left(\frac{a-2b}{2a-2b}+\frac{a+8b}{3a-3b}\right)\cdot\left(\frac{3}{a+2b}+\frac{1}{a-2b}\right)$

f) $\left(\frac{3x+4y}{x^2+xy}-\frac{2x+y}{x^2-y^2}\right):\left(\frac{4}{x}-\frac{2}{x-y}\right)$

g) $\left(\frac{4a(3-a)+b(6-b)}{4a^2+4ab+b^2}+1-\frac{6}{2a+b}\right):\frac{ab}{(2a+b)^2}$

h) $\left(\frac{x^2}{x^2-y^2}-\frac{y^2}{x^2+xy}-1\right)\cdot\left(\frac{1}{y}-\frac{1}{x}\right):\frac{y}{x^2}$

i) $\left(\frac{4a^2-4ab+b^2}{3x^2-6xy}\cdot x-\frac{4ab+2b^2}{2y-x}\right):\frac{4a^2-b^2}{2x-4y}+\frac{4a^2-16ab-17b^2}{12a^2-3b^2}$

# Gleichungen und Ungleichungen

Ich bin ein eherner Löwe, Quellen sind meine beiden Augen und der Mund und die Sohle des rechten Fußes. Es füllt den Krug das rechte Auge in 24 Stunden und das linke in 36 und in 48 die Sohle. Der Mund genügt, um ihn in sechs Stunden zu füllen. Wenn aber alle zugleich, der Mund wie die Augen und die Sohle fließen, sprich, wie lange dauert es? (Aus einem byzantinischen Rechenbuch des frühen 14. Jahrhunderts)

# 5 Bruchgleichungen

Gleichungen, die Bruchterme enthalten, heißen **Bruchgleichungen**.

Beispiel:

$$\frac{x+1}{x-3} + \frac{2}{3x-2} = 1 \qquad G = \mathbb{Q}$$

Diese Gleichung enthält die Bruchterme $\frac{x+1}{x-3}$ und $\frac{2}{3x-2}$. Da der Nenner eines Bruchterms nicht Null werden darf, muß vor dem Lösen einer solchen Gleichung überlegt werden, welche der Zahlen der Grundmenge **nicht in die Bruchterme** eingesetzt werden dürfen.

## 5.1 Die Definitionsmenge eines Bruchterms

Enthält ein Bruchterm nur eine Variable, z. B. x, so nennt man die Menge aller Zahlen aus der Grundmenge $\mathbb{Q}$, die für x eingesetzt werden können, ohne daß der Nenner Null wird, die **Definitionsmenge D des Bruchterms**.

**So bestimmt man die Definitionsmenge D eines Bruchterms**

1. Man zerlegt, soweit möglich, den Nenner in Faktoren.
2. Alle Faktoren, die die Variable x enthalten, werden gleich Null gesetzt.
3. Man bestimmt die Lösungen dieser Gleichungen und schließt sie aus der Grundmenge aus.

Beispiel:

$$\frac{x+1}{x-3}$$

Der Nenner darf nicht Null werden, d. h. $x - 3 \neq 0$ bzw. $x \neq 3$. Mit Ausnahme von $x = 3$ kann der Wert des Terms für jede Zahl aus $\mathbb{Q}$ berechnet werden. Man schreibt: $D = \mathbb{Q} \setminus \{3\}$ (lies: "$\mathbb{Q}$ ohne 3").

Zur Bestimmung von D ist es meist einfacher, zuerst diejenigen Werte von x zu bestimmen, für die der **Nenner Null wird**, und **diese** dann **auszuschließen**.

Beispiele:

1. Bestimme die Definitionsmenge des Bruchterms!

$$\frac{2}{3x-2}$$

**Lösung:**

Man setzt den Nenner Null, also: $3x - 2 = 0$;

löst die Gleichung auf: $3x = 2$, also $x = \frac{2}{3}$

und schließt die Lösung aus der Grundmenge aus: $D = \mathbb{Q} \setminus \left\{\frac{2}{3}\right\}$

Etwas schwieriger ist die folgende Aufgabe:

2. Bestimme die Definitionsmenge des Bruchterms!

$$\frac{x+1}{3x^2+4x}$$

**Lösung:**

Man setzt den Nenner Null:
$3x^2 + 4x = 0$.

Die Lösungen einer solchen Gleichung lassen sich nur bestimmen, wenn man den Nenner in Faktoren zerlegt:
$x\,(3x + 4) = 0$

Ein Produkt ist Null, wenn einer der Faktoren, also x bzw. $3x + 4$, Null ist. Dies ergibt zwei Gleichungen:

(1) $x = 0$ (2) $3x + 4 = 0$

Diese Gleichungen löst man, soweit nötig, nach x auf:

(1) $x = 0$ (2) $3x = -4$; $x = -\frac{4}{3}$.

Die erhaltenen Lösungen schließt man aus der Grundmenge aus:

$$D = \mathbb{Q} \setminus \left\{0; -\frac{4}{3}\right\}.$$

**Aufgaben**

**24.** Bestimme für jeden Bruchterm die Definitionsmenge D bezüglich der Grundmenge $\mathbb{Q}$ !

a) $\frac{3}{x+4}$ b) $\frac{3x-1}{3x+1}$

c) $\frac{4x-1}{2+5x}$ d) $\frac{x+1}{(x+2)\cdot(x+3)}$

e) $\frac{2x}{(4x-1)\cdot(5x+3)}$ f) $\frac{x^2+1}{2x^2-5x}$

g) $\frac{16}{x^2-16}$ h) $\frac{x^2}{(x+2)^2}$

i) $\frac{x-3}{2x^2+12x+18}$ j) $\frac{2-x}{2x^3-18x}$

## 5.2 Die Definitionsmenge einer Bruchgleichung

Die Bedeutung der Definitionsmenge eines Bruchterms läßt sich auf Bruchgleichungen übertragen: Die Menge aller Zahlen der Grundmenge $\mathbb{Q}$, die in einer Bruchgleichung für x eingesetzt werden können, ohne daß ein Nenner Null wird, heißt die **Definitionsmenge** D **der Bruchgleichung**.

Beispiele:

1. Bestimme die Definitionsmenge:

$$\frac{x+1}{x-3}+\frac{2}{3x-2}=1; \quad G=\mathbb{Q}$$

**Lösung:**

Man bestimmt alle Zahlen aus $\mathbb{Q}$, für die einer der Nenner Null wird und schließt diese aus $\mathbb{Q}$ aus:

Der Nenner $x-3$ wird Null für $x=3$,

der Nenner $3x-2$ für $x=\frac{2}{3}$, also ist $D=\mathbb{Q}\setminus\left\{\frac{2}{3};3\right\}$.

2. Bestimme die Definitionsmenge:

$$\frac{1}{x-1}+\frac{3}{2x^2-2}=\frac{1}{x}; \qquad G = \mathbb{Q}$$

**Lösung:**

Wir bestimmen der Reihe nach die Zahlen aus $\mathbb{Q}$, die für x eingesetzt, den jeweiligen Nenner Null werden lassen. Also:

1. Nenner:
$$x - 1 = 0$$
$$x = 1$$

2. Nenner:
$$2x^2 - 2 = 0$$
$$2(x^2 - 1) = 0$$
$$2(x - 1)(x + 1) = 0$$
$$x - 1 = 0 \quad \text{oder} \quad x + 1 = 0$$
$$x = 1 \qquad\qquad x = -1$$

3. Nenner:
$$x = 0$$

Ergebnis: $D = \mathbb{Q} \setminus \{1; 0; -1\}$

**Aufgaben**

**25.** Bestimme jeweils die Definitionsmenge der Bruchgleichungen in der Grundmenge $\mathbb{Q}$!

a) $\frac{1}{8x}-\frac{13}{72}=0$

b) $\frac{15}{2x+1}-\frac{20}{3x}=0$

c) $\frac{7}{2x^2-x}-\frac{3}{4x^2-1}=\frac{8}{2x^2+x}$

## 5.3 Die Lösungsmenge einer Bruchgleichung

**Bruchgleichungen löst man,** indem man

1. den HN bestimmt,
2. daraus die Definitionsmenge D ermittelt,
3. beide Seiten der Gleichung mit dem HN multipliziert und dabei alle Nenner durch Kürzen auflöst,
4. die Gleichung bis zur Endform umformt,
5. durch Vergleich mit D die Lösungmenge L angibt.

Beispiele:

1. Bestimme die Lösungsmenge:

$$\frac{2x-5}{2x-2}-\frac{2}{x+1}=1-\frac{5}{2x+2}; \qquad G=\mathbb{Q}$$

**Lösung:**

*Schritt 1:* Bestimmung des Hauptnenners

$2x-2=2\cdot(x-1)$

$x+1=(x+1)$

$HN=2\cdot(x-1)\cdot(x+1)$

*Schritt 2:* Bestimmung der Definitionsmenge

Im Hauptnenner sind alle Nenner enthalten. Bestimmen wir also alle Zahlen aus $\mathbb{Q}$, für die der Hauptnenner Null wird, dann haben wir damit auch die Zahlen gefunden, die wir aus der Grundmenge $\mathbb{Q}$ herausnehmen müssen. Die Restmenge ist die Definitionsmenge der Bruchgleichung. Also:

1. Faktor (mit x): $x-1=0$, also $x=1$;

2. Faktor: $x+1=0$, also $x=-1$;

Ergebnis: $D=\mathbb{Q}\setminus\{-1;1\}$.

*Schritt 3:* Multiplikation mit dem Hauptnenner

$$\frac{2x-5}{2\cdot(x-1)}-\frac{2}{x+1}=1-\frac{5}{2\cdot(x+1)} \qquad |\cdot 2\cdot(x-1)\cdot(x+1)$$

$$\frac{(2x-5)\cdot\mathbf{2}\cdot\mathbf{(x-1)}\cdot(x+1)}{\mathbf{2}\cdot\mathbf{(x-1)}}-\frac{2\cdot 2\cdot(x-1)\cdot\mathbf{(x+1)}}{\mathbf{(x+1)}}=$$

$$=1\cdot 2\cdot(x-1)\cdot(x+1)-\frac{5\cdot\mathbf{2}\cdot(x-1)\cdot\mathbf{(x+1)}}{\mathbf{2}\cdot\mathbf{(x+1)}}$$

(Wenn du verstanden hast, wie die Nenner durch Kürzen aufgelöst werden, kannst du diese aufwendige Zeile weglassen)

$(2x-5)\cdot(x+1)-2\cdot 2\cdot(x-1)=2\,(x-1)\cdot(x+1)-5\cdot(x-1)$

*Schritt 4:* Umformung der Gleichung

Ein Minuszeichen vor einer Klammer ändert bei ihrer Auflösung alle Vorzeichen in der Klammern!

$$2x^2+2x-5x-5-4x+4=2\cdot(x^2-1)-5x+5$$
$$2x^2-7x-1=2x^2-2-5x+5$$
$$2x^2-7x-1=2x^2-5x+3 \qquad \left|-2x^2+\mathbf{5x}+\mathbf{1}\right.$$
$$-7x+\mathbf{5x}=3+\mathbf{1}$$
$$-2x=4 \qquad |:(-2)$$
$$x=-2 \quad \text{(Endform)}$$

*Schritt 5:* Vergleich mit D

$x=-2\in D=\mathbb{Q}\setminus\{-1;\,1\}$, also ist $L=\{-2\}$.

2. Bestimme die Lösungsmenge:

$$\frac{1}{2-x}-\frac{2x-2}{2x-x^2}=\frac{1}{x};\quad G=\mathbb{Q}$$

**Lösung:**

*Schritt 1:* Bestimmung des Hauptnenners

$2-x=(2-x)$

$2x-x^2=x\cdot(2-x)$

$x=x$

$HN=x\cdot(2-x)$

*Schritt 2:* Bestimmung der Definitionsmenge

1. Faktor: $x=0$

2. Faktor: $2-x=0$, also $x=2$

Ergebnis: $D=\mathbb{Q}\setminus\{0;\,2\}$.

*Schritt 3:* Multiplikation mit dem Hauptnenner

$$\frac{1}{2-x}-\frac{2x-2}{x\cdot(2-x)}=\frac{1}{x} \qquad |\cdot x\cdot(2-x)$$

$$\frac{1\cdot x\cdot\mathbf{(2-x)}}{\mathbf{(2-x)}}-\frac{(2x-2)\cdot\mathbf{x}\cdot\mathbf{(2-x)}}{\mathbf{x}\cdot\mathbf{(2-x)}}=\frac{1\cdot\mathbf{x}\cdot(2-x)}{\mathbf{x}}$$

*Schritt 4:* Umformung der Gleichung

$$x-(2x-2)=(2-x)$$
$$x-2x+2=2-x$$
$$-x+2=2-x \quad |+x-2$$
$$0=0 \quad \text{(Endform)}$$

*Schritt 5:* Vergleich mit D

Die Endform ist eine allgemeingültige Gleichung (wahre Aussage), d. h. jede Zahl aus D ist Lösung. Also ist $L = \mathbb{Q} \setminus \{0; 2\}$.

*Beachte:* Enthält die Endform einer Gleichung die Variable x nicht mehr, so gilt für die Lösungsmenge L

a) $L = D$, falls die Endform eine wahre Aussage (z. B. $0 = 0$) beschreibt.
b) $L = \{\ \}$, falls die Endform eine falsche Aussage (z. B. $0 = 1$) beschreibt.

3. Bestimme die Lösungsmenge:

$$\frac{3x-2}{x-2}+\frac{1-3x}{x+2}=\frac{7x+2}{x^2-4};\ G=\mathbb{Q}$$

**Lösung:**

*Schritt 1:* Bestimmung des Hauptnenners

$$x-2=(x-2)$$
$$x+2=(x+2)$$
$$x^2-4=(x+2)\cdot(x-2)$$
$$HN=(x+2)\cdot(x-2)$$

*Schritt 2:* Bestimmung der Definitionsmenge

1. Faktor: $x + 2 = 0$, also $x = -2$
2. Faktor: $x - 2 = 0$, also $x = 2$
Ergebnis: $D = \mathbb{Q} \setminus \{-2; 2\}$.

*Schritt 3:* Multiplikation mit dem Hauptnenner

$$\frac{3x-2}{x-2}+\frac{1-3x}{x+2}=\frac{7x+2}{x^2-4} \quad |\cdot(x+2)\cdot(x-2)$$

bereits gekürzt: $(3x-2)\cdot(x+2)+(1-3x)\cdot(x-2)=7x+2$

*Schritt 4:* Umformung der Gleichung

$$3x^2+6x-2x-4+x-2-3x^2+6x=7x+2$$
$$11x-6=7x+2 \quad |-7x+6$$
$$4x=8$$
$$x=2 \quad \text{(Endform)}$$

*Schritt 5:* Vergleich mit D
Da $2 \notin D = \mathbb{Q} \setminus \{-2; 2\}$ (!), ist $L = \{\ \}$.

*Beachte:* Die **Grundmenge G** einer Gleichung ist die Menge aller Zahlen, die zum Einsetzen für x zur Verfügung stehen.

Die **Definitionsmenge D** einer Gleichung ist die Menge aller Zahlen aus G, die für x eingesetzt werden können, ohne daß ein Nenner Null wird.

Die **Lösungsmenge L** einer Gleichung ist die Menge aller Zahlen aus D, die, für x eingesetzt, eine wahre Aussage ergeben.

## Aufgaben

**26.** Bestimme jeweils die Lösungsmenge (Grundmenge $G = \mathbb{Q}$). Gehe dabei nach dem Schema der Beispiele vor.

a) $\frac{3}{x} + 3 = \frac{2x + 6}{x}$

b) $\frac{15}{2x + 14} = \frac{5}{3x}$

c) $\frac{1}{x - 6} + \frac{5}{x + 6} = 0$

d) $\frac{2}{3 - x} + \frac{3}{x} = \frac{8 - x}{3x - x^2}$

e) $\frac{x + 3}{2x + 3} + \frac{x}{2x - 3} = 1$

f) $\frac{4x - 1}{4x^2 - 1} = \frac{9}{5x} + \frac{8}{5 - 10x}$

g) $\frac{1 - x}{2x^2 - x} - \frac{2}{6x - 3} + \frac{4}{3x} - \frac{1 + 2x}{4x^2 - 1} = 0$

## 5.4 Bruchgleichungen mit mehreren Unbekannten

Enthält eine Bruchgleichung mehrere Unbekannte, so muß aus der Aufgabe hervorgehen, welches davon die **Lösungsvariable** ist. Die Lösungsvariable (bisher x) ist diejenige Unbekannte, nach der die Gleichung aufgelöst werden soll. Die anderen Buchstaben nennt man **Formvariable**.

Beispiel:

$\frac{1}{a} + \frac{1}{b} = c$ Löse nach a auf!

In dieser Gleichung bedeutet a die Lösungsvariable; b und c sind Formvariable.

**Bruchgleichungen mit mehreren Variablen löst man,** indem man

1. den HN bestimmt,
2. die notwendigen Bedingungen für alle Variablen ermittelt,
3. beide Seiten der Gleichung mit dem HN multipliziert und dabei alle Nenner durch Kürzen auflöst,
4. a) die Gleichung vereinfacht und ordnet,
   b) die Lösungsvariable ausklammert,
   c) die Divisionsbedingung angibt,
   d) die Endform herstellt und vereinfacht,
5. den Lösungsterm mit allen Bedingungen angibt.

Bei den folgenden Aufgaben genügt es, die Gleichung nach der Lösungsvariable aufzulösen. Auf die Verwendung von Definitions- und Lösungsmenge wird dabei verzichtet. Für **alle** Variablen sind diejenigen Werte auszuschließen, für die der Nenner eines Bruchterms Null wird.

Beispiele:

1. Löse nach a auf:

$$\frac{1}{a-b} + \frac{1}{b} = 1$$

**Lösung:**

*Schritt 1:* Bestimmung des Hauptnenners

$a - b = (a - b)$; $\quad b = b$; $\quad HN = (a - b)b$

*Schritt 2:* Bedingungen für die Variablen

Statt einer Definitionsmenge werden hier die Bedingungen angegeben, die die Variablen erfüllen müssen, damit die Nenner nicht Null werden.

(1) $a - b \neq 0$; d. h. $a \neq b$ $\quad$ (2) $b \neq 0$

*Schritt 3:* Multiplikation beider Seiten mit dem Hauptnenner

$$\frac{1}{a-b} + \frac{1}{b} = 1 \quad \Big| \cdot (a-b)b \qquad (a \neq b,\ b \neq 0!)$$

$$\frac{1 \cdot \mathbf{(a-b)} \cdot b}{\mathbf{(a-b)}} + \frac{1 \cdot (a-b) \cdot \mathbf{b}}{\mathbf{b}} = 1 \cdot (a-b) \cdot b;$$

$b + (a - b) = (a - b) \cdot b;$

Da man beim Umformen der Gleichung auch mit Buchstaben (Variablen) rechnen muß, wird Schritt 4 in vier Teilschritte zerlegt:

*Schritt 4:*

a) Vereinfachen und Ordnen

$$b + a - b = ab - b^2;$$
$$a = ab - b^2 \quad \big| -ab$$

Alle Terme, die a enthalten, bringt man auf die linke Seite, den Rest auf die andere:

$a - ab = -b^2;$

b) Ausklammern

Auf der linken Seite lassen sich nun alle Terme mit a durch Ausklammern zusammenfassen:

$$a \cdot (1 - b) = -b^2;$$
$$(1 - b) \cdot a = -b^2 \quad \big| :(1 - b)$$

c) Divisionsbedingung

Die Endform der Gleichung erhält man, wenn man beide Seiten der Gleichung durch den Faktor $(1 - b)$ der Lösungsvariablen a dividiert. Diese Division ist aber nur erlaubt, wenn dieser Faktor stets ungleich Null ist.

Also muß gelten: (3) $1 - b \neq 0$; d. h. $b \neq 1$

d) Endform

$$(1-b)\cdot a = -b^2 \quad \big| :(1-b) \quad (b \neq 1!)$$

$$a = -\frac{b^2}{1-b}$$

der Lösungsterm kann noch vereinfacht werden:

$$a = \frac{b^2}{-(1-b)}; \quad a = \frac{b^2}{b-1}$$

*Schritt 5:* Angabe des Lösungsterms mit allen Bedingungen

$$a = \frac{b^2}{b-1} \text{ mit } \quad (1)\ a \neq b; \quad (2)\ b \neq 0; \quad (3)\ b \neq 1$$

2. Löse nach b auf:

$$\frac{2d-b}{bc-cd} - \frac{c}{bd-d^2} = \frac{c+d}{bc} - \frac{1}{c}$$

**Lösung:**

*Schritt 1:* Bestimmung des Hauptnenners

$bc - cd = c\cdot(b-d)$; $\quad bd - d^2 = d\cdot(b-d)$; $\quad bc = bc$; $\quad c = c$;

$HN = cdb\cdot(b-d)$

*Schritt 2:* Bedingungen für die Variablen

Lösungsvariable: (1) $b \neq 0$ (2) $b - d \neq 0$; d. h. $b \neq d$

Formvariable: (3) $c \neq 0$ (4) $d \neq 0$

*Schritt 3:* Multiplikation mit dem Hauptnenner

$$\frac{2d-b}{c\cdot(b-d)} - \frac{c}{d\cdot(b-d)} = \frac{c+d}{bc} - \frac{1}{c} \quad \big| \cdot cdb\cdot(b-d)$$

$$(2d-b)\cdot db - c\cdot cb = (c+d)\cdot d\cdot(b-d) - db\cdot(b-d)$$

*Schritt 4:*

a) Vereinfachen und Ordnen

$$2d^2b - db^2 - c^2b = (cd+d^2)\cdot(b-d) - db^2 + d^2b;$$

$$2d^2b - db^2 - c^2b = cdb - cd^2 + d^2b - d^3 - db^2 + d^2b;$$

$$2d^2b - db^2 - c^2b = cdb - cd^2 + 2d^2b - d^3 - db^2 \quad \big| + db^2 - 2d^2b - cdb$$

$$-c^2b - cdb = -cd^2 - d^3$$

b) Ausklammern
$(-c^2 - cd) \cdot b = -cd^2 - d^3 \;\Big|\; :(-c^2 - cd)$

c) Divisionsbedingung
Der Faktor von b darf nicht Null werden:
$(-c^2 - cd) = -c \cdot (c + d) \neq 0$
Bedingung: $c \neq 0$ siehe (3); (5) $c + d \neq 0$; d. h. $c \neq -d$

d) Endform herstellen und vereinfachen

$$b = \frac{-cd^2 - d^3}{-c^2 - cd}; \quad b = \frac{-d^2(c + d)}{-c(c + d)}; \quad b = \frac{d^2}{c}$$

*Schritt 5:* Angabe des Lösungsterms mit allen Bedingungen

$b = \dfrac{d^2}{c}$ mit $c \neq 0$, $d \neq 0$, $c \neq -d$ und $b \neq 0$, $b \neq d$.

**Aufgaben**

**27.** Löse jeweils nach der in Klammern angegebenen Variablen auf!

a) $\dfrac{1}{a} + \dfrac{1}{b} = \dfrac{1}{2}$; [a]

b) $\dfrac{a}{a - b} = \dfrac{c - b}{c}$; [a]

c) $\dfrac{b}{a + 2b} - \dfrac{2}{a - 2b} = 0$; [a]

d) $\dfrac{b}{a - b} - \dfrac{ab}{ax - bx} = 1$; [a]

e) $\dfrac{2a}{a - b} - \dfrac{2a}{a + b} = \dfrac{5b}{b^2 - a^2}$; [a]

## 5.5 Textaufgaben

Bruchgleichungen können auch beim Lösen von Textaufgaben auftreten. Zur Erinnerung seien deshalb nochmals die wichtigsten Schritte bei der Bearbeitung von Textaufgaben (mit einer Unbekannten) aufgeführt:

**Textaufgaben löst man,** indem man

1. die Unbekannte festlegt,
2. alle anderen im Text genannten Größen durch diese Unbekannte ausdrückt,
3. eine Gleichung aufstellt,
4. diese Gleichung löst,
5. eine Antwort gibt,
6. die Lösung anhand des Textes überprüft.

Beispiel:

Der Zähler eines Bruches ist um 8 größer als sein Nenner. Addiert man zum Zähler 7 und zum Nenner 8, so entsteht ein Bruch, der um 1 größer ist als der Kehrwert des ursprünglichen Bruches. Wie heißt der ursprüngliche Bruch?

**Lösung:**

*Schritt 1:* Festlegung der Unbekannten

Der Nenner des ursprünglichen Bruches sei x.

(Als Unbekannte wählt man eine Größe, durch die sich alle anderen Größen im Text möglichst einfach ausdrücken lassen.)

*Schritt 2:* Übersetzung von Textteilen in Terme

Zähler des ursprünglichen Bruches: $x + 8$

ursprünglicher Bruch: $\frac{x+8}{x} \quad (x \neq 0)$

neuer Bruch: $\frac{x+8+\mathbf{7}}{x+\mathbf{8}} = \frac{x+15}{x+8} \quad (x \neq -8)$

Kehrwert des ursprünglichen Bruches: $\frac{x}{x+8}$

*Schritt 3:* Aufstellen der Gleichung
Aus dem Text ergibt sich folgender Zusammenhang der oben ausgeführten Terme: "Der neue Bruch ist um 1 größer als der Kehrwert des ursprünglichen Bruches."

Das bedeutet übersetzt: $\frac{x+15}{x+8} = \frac{x}{x+8} + 1$

*Schritt 4:* Lösen der Bruchgleichung

HN = x + 8; D = $\mathbb{Z}\setminus\{0; -8\}$

$$\frac{x+15}{x+8} = \frac{x}{x+8} + 1 \quad |\cdot(x+8) \quad x \neq -8$$

$$x+15 = x+x+8$$

$$x+15 = 2x+8 \quad |-2x-15$$

$$-x = -7 \quad |\cdot(-1)$$

$$x = 7$$

$7 \in D \Rightarrow$ 7 ist Lösung der Bruchgleichung.

*Schritt 5:* Berechnung der restlichen Größen und Antwort
Aus x = 7 folgt für den Zähler 7 + 8 = 15.
Also heißt der ursprüngliche Bruch $\frac{15}{7}$.

*Schritt 6:* Wir machen die Probe

1. Bruch: $\frac{15+7}{7+8} = \frac{22}{15}$

2. Bruch: $\frac{7}{15} + 1 = \frac{7}{15} + \frac{15}{15} = \frac{22}{15}$

## Aufgaben

**28.** Löse folgende Textaufgaben!

a) Der Zähler eines Bruches ist um 6 kleiner als sein Nenner. Addiert man zum Zähler 20 und subtrahiert man vom Nenner 6, so entsteht ein Bruch, der um 2 größer ist als der Kehrwert des ursprünglichen Bruches. Wie heißt der ursprüngliche Bruch?

b) Der Zähler eines Bruches ist um 45 größer als sein Nenner. Der Bruch hat den Wert $\frac{7}{4}$. Wie heißt der Bruch?

c) Welche Zahl muß man zu Zähler und Nenner des Bruches $\frac{15}{37}$ addieren, um einen Bruch vom Wert $\frac{3}{5}$ zu erhalten?

d) Der Nenner eines Bruches ist um 4 größer als der Zähler. Der Wert dieses Bruches ändert sich nicht, wenn man zum Zähler 7 und zum Nenner 11 addiert. Wie heißt der ursprüngliche Bruch?

e) Bei einem Bruch ergibt die Summe aus Zähler und Nenner 24. Subtrahiert man vom Zähler 18 und addiert man zum Nenner 6, so entsteht ein Bruch, dessen Kehrwert ebenso groß ist wie der Wert des ursprünglichen Bruches. Wie heißt der ursprüngliche Bruch?

f) Der Nenner eines Bruches ist dreimal so groß wie der Zähler. Vermindert man den Zähler um 5 und vergrößert den Nenner um 5, so entsteht ein Bruch mit dem Wert $\frac{1}{8}$. Wie heißt der Nenner des ursprünglichen Bruches?

# 6 Ungleichungen und Gleichungen mit Fallunterscheidung

## 6.1 Die Lösungsmenge einfacher Ungleichungen – eine Wiederholung

Das Lösen einfacher, d. h. linearer Ungleichungen, hast du bereits in der 7. Jahrgangsstufe kennengelernt. Deshalb soll das Schema zum Lösen einfacher Ungleichungen nochmals kurz zusammengefaßt werden.

**So löst man Ungleichungen**

1. Auflösen der Klammern und Zusammenfassen gleichartiger Terme auf beiden Seiten der Ungleichung.
2. Umformung der Ungleichung durch Addition bzw. Subtraktion entsprechender Terme, damit alle Glieder mit x **links**, alle restlichen Terme **rechts** vom Relationszeichen stehen. Zusammenfassen gleichartiger Terme.
3. Division durch den Faktor von x.
   Bei **negativem** Faktor: **Vertauschen des Relationszeichens.**
   Bei **positivem** Faktor: Keine Änderung des Relationszeichens.
4. Angabe und graphische Darstellung der Lösungsmenge.

<u>Beispiel</u>:

| | | |
|---|---|---|
| $9x-3\cdot(5x-1)\geq -1-(x+11)$ | | |
| $9x-15x+3\geq -1-x-11$ | | Klammern auflösen |
| $-6x+3\geq -12-x$ | $\vert +x-3$ | Zusammenfassen |
| $-5x\geq -15$ | $\vert :(-5)$ | Sortieren |
| $\downarrow$ Aus $\geq$ wird $\leq$, da $-5<0$ | | In die Endform bringen |
| $x\leq 3$ | | |
| $L=\{x \mid x\leq 3\}$ oder $L=\,]-\infty;3]$ | | Lösungsmenge angeben und graphisch darstellen |

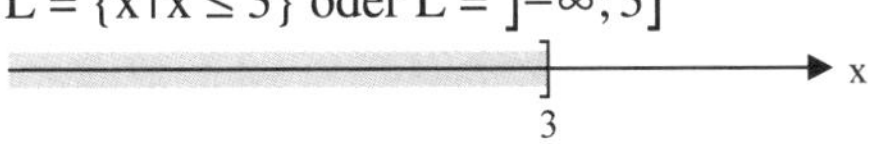


(3 gehört zu L)

**So gibt man Lösungsmengen an**

Die Lösungsmenge L wird in der Intervallschreibweise angegeben. Es gilt:

1. Die beiden Randzahlen eines Intervalls werden zwischen zwei eckigen Klammern geschrieben.
2. Gehört eine Randzahl nicht zu dem Intervall, weist die zugehörige Klammer nach außen, andernfalls nach innen.
3. Ist ein Intervall nach rechts bzw. nach links unbegrenzt, so ersetzt man die entsprechende Randzahl durch das Symbol $\infty$ ("unendlich") bzw. $-\infty$ ("minus unendlich"). In diesen Fällen weist die zugehörige Klammer nach außen.

Beispiel:

$\{x|x < 3\} = ]-\infty;3[$

$\{x|x \geq 3\} = [3;\infty[$

$\{x|1 < x \leq 3\} = ]1;3]$

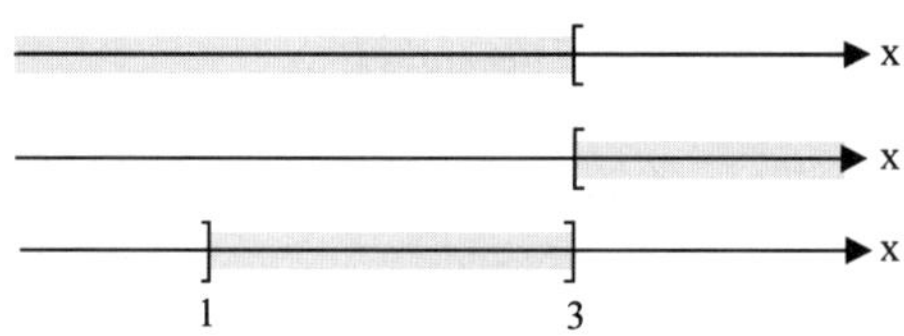


**Aufgaben**

**29.** Ermittle jeweils die Lösungsmenge in der Intervallschreibweise und stelle sie graphisch dar.

a) $11 - 2(x+1) > 7 - 3(x-8)$

b) $x - (11 - 2x) < 1 - 4(1 - x)$

c) $0{,}3 - \left(-\frac{7}{10}x + 10\right) \leq 0{,}1 + 1{,}4(-1 + x)$

d) $\frac{3}{5} + \frac{4}{5}(-x-1) \geq \frac{3}{5} - 0{,}4(-4 - x)$

e) $12 - 4(x^2 - 3x) \leq 2x(7 - 2x) - 18$

Für spätere Überlegungen wird folgendes Beispiel als Vorübung benötigt:

Beispiel:

Für welche Werte von $x \in \mathbb{Q}$ sind die beiden Ungleichungen

$U_1$: $5x - 16 \leq 0$ **und** $U_2$: $2 - \frac{1}{3}x < 3$ **zugleich erfüllt**?

Dazu bestimmt man die Lösungsmengen $L_1$ und $L_2$ der einzelnen Ungleichungen und bildet deren Schnittmenge.

Lösung der 1. Ungleichung:

$$5x - 16 \leq 0 \qquad |+16$$
$$5x \leq 16 \qquad |:5$$
$$x \leq \frac{16}{5}$$
$$L_1 = \left]-\infty; \frac{16}{5}\right]$$

Lösung der 2. Ungleichung:

$$2 - \frac{1}{3}x < 3 \qquad |-2$$
$$-\frac{1}{3}x < 1 \qquad |\cdot(-3)$$
$$\downarrow$$
$$x > -3$$
$$L_2 = ]-3; \infty]$$

Beide Lösungsmengen werden in einer Zeichnung graphisch dargestellt. Es ist von Vorteil, für die einzelnen Lösungsmengen unterschiedliche Farben zu wenden.

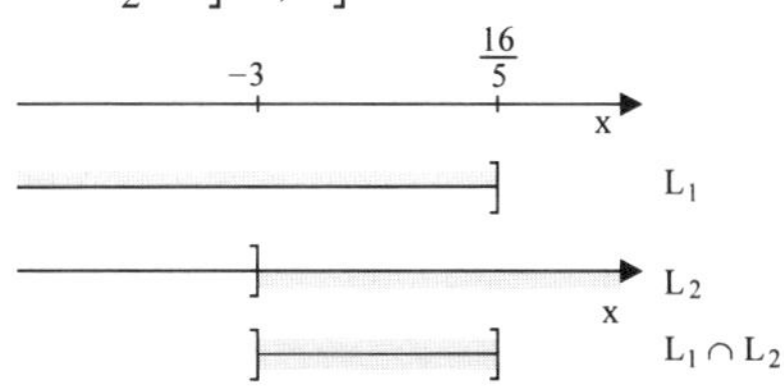


Diejenigen x-Werte, die beide Ungleichungen zugleich erfüllen, liegen in dem Bereich, in dem sich $L_1$ und $L_2$ überschneiden (Schnittmenge). Sie bilden die Gesamtlösungsmenge L:

$$L_1 \cap L_2 = \left\{x \mid -3 < x \leq \frac{16}{5}\right\} = \left]-3; \frac{16}{5}\right]$$

*Beachte:* –3 gehört nicht zu L

$\frac{16}{5}$ gehört zu L

An diesem Beispiel wurde dir sicher klar, daß die graphische Darstellung zum Auffinden der Gesamtlösungsmenge sehr hilfreich ist. Bei den im nächsten Abschnitt auftretenden Ungleichungen muß die Lösungsmenge L sogar aus **vier** verschiedenen Mengen bestimmt werden. Dies ist ohne graphische Darstellung kaum möglich. Um dies zu üben, löse folgende Aufgaben unbedingt unter Zuhilfenahme der graphischen Darstellung.

**Aufgaben**

**30.** Für welche Werte von $x \in \mathbb{Q}$ sind jeweils beide Ungleichungen zugleich erfüllt? Verwende dazu die graphische Darstellung!

a) $x - 7 \leq 0$ und $5 + x \geq 0$

b) $3x - 6 > 0$ und $-2x > -10$

c) $5 + 3x < 0$ und $12 + 3x \geq 0$

d) $x < 17 - 3x$ und $\frac{7}{2}x + \frac{1}{2} < \frac{1}{2}$

e) $2 - 3x < 2x - 3$ und $2 + \frac{5}{3}x \geq -x + 2$

## 6.2 Produktungleichungen

Ungleichungen der Form

$(ax + b) \cdot (cx + d) > 0$ (bzw. $\geq 0$) oder $(ax + b) \cdot (cx + d) < 0$ (bzw. $\leq 0$)

heißen **Produktungleichungen**.

Beispiel:

$(3x + 1) \cdot (2x - 4) \geq 0$

Die linke Seite dieser Ungleichung ist ein Produkt mit dem 1. Faktor $3x + 1$ und dem 2. Faktor $2x - 4$; die rechte Seite ist 0.

Zur Bestimmung der Lösungsmenge einer solchen Ungleichung verwendet man folgende Regeln:

**Vorzeichenregeln**

1. Ein Produkt aus zwei Faktoren ist **positiv**, wenn der 1. Faktor **und** der 2. Faktor positiv sind, oder der 1. Faktor **und** der 2. Faktor negativ sind.
   In Kurzform: $(+) \cdot (+) = +$ ; $(-) \cdot (-) = +$
2. Ein Produkt aus zwei Faktoren ist **negativ**, wenn der 1. Faktor positiv **und** der 2. Faktor negativ ist, oder der 1. Faktor negativ **und** der 2. Faktor positiv ist.
   In Kurzform: $(+) \cdot (-) = -$ ; $(-) \cdot (+) = -$

Solche Produktungleichungen lassen sich über eine **Fallunterscheidung** auf einfachere Ungleichungen zurückführen.

**Produktungleichungen löst man**, indem man

1. in einer Fallunterscheidung die Bedingungen für die beiden Faktoren feststellt,
2. die beiden Ungleichungen für den 1. Fall aufstellt und ihre Lösungsmenge $L_1 = L_{1a} \cap L_{1b}$ bestimmt,
3. die beiden Ungleichungen für den 2. Fall aufstellt und ihre Lösungsmenge $L_2 = L_{2a} \cap L_{2b}$ bestimmt,
4. die Gesamtlösungsmenge $L = L_1 \cup L_2$ bestimmt.

Beispiele:

1. Bestimme über eine Fallunterscheidung die Lösungsmenge:

   $$(2x + 5) \cdot \left(\frac{1}{2}x - 3\right) > 0; \quad G = \mathbb{Q}$$

   **Lösung:**

   Es sind diejenigen Werte von $x \in \mathbb{Q}$ zu bestimmen, für die das Produkt $(2x + 5)(\frac{1}{2}x - 3) > 0$ ist.

Man unterscheidet zwei Fälle:
**1. Fall:** 1. Faktor > 0 **und** 2. Faktor > 0
**2. Fall:** 1. Faktor < 0 **und** 2. Faktor < 0.

Im **1. Fall** sind diejenigen Werte von $x \in \mathbb{Q}$ zu bestimmen, für die die beiden Ungleichungen

(1 a) $2x + 5 > 0$ **und** (1 b) $\frac{1}{2}x - 3 > 0$ zugleich erfüllt sind.

Lösung von (1 a):

$$2x + 5 > 0 \qquad |-5$$
$$2x > -5 \qquad |:2$$
$$x > -\frac{5}{2}$$
$$L_{1a} = \left]-\frac{5}{2};\infty\right[$$

Lösung von (1 b):

$$\frac{1}{2}x - 3 > 0 \qquad |+3$$
$$\frac{1}{2}x > 3 \qquad |\cdot 2$$
$$x > 6$$
$$L_{1b} = ]6;\infty[$$

Die Schnittmenge $L_1 = L_{1a} \cap L_{1b}$ wird graphisch bestimmt:

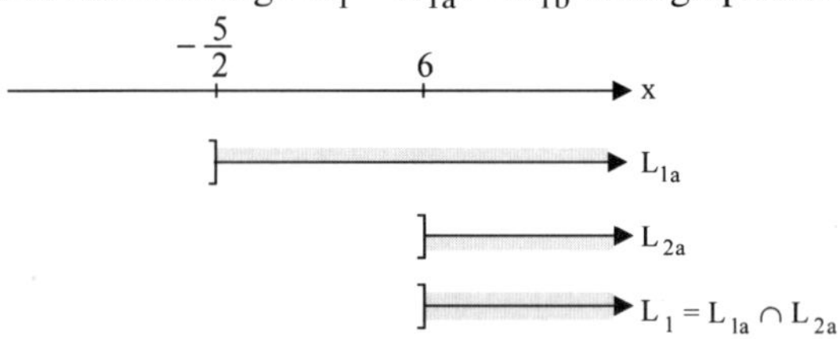


Also ist $L_1 = ]6;\infty[$

Im **2. Fall** sind diejenigen Werte von $x \in \mathbb{Q}$ zu bestimmen, für die die beiden Ungleichungen

(2 a) $2x + 5 < 0$ **und** (2 b) $\frac{1}{2}x - 3 < 0$ zugleich erfüllt sind.

Lösung von (2 a):

$$2x + 5 < 0 \qquad |-5$$
$$2x < -5 \qquad |:2$$
$$x < -\frac{5}{2}$$
$$L_{2a} = \left]-\infty;-\frac{5}{2}\right[$$

Lösung von (2 b):

$$\frac{1}{2}x - 3 < 0 \qquad |+3$$
$$\frac{1}{2}x < 3 \qquad |\cdot 2$$
$$x < 6$$
$$L_{2b} = ]-\infty;6[$$

Die Schnittmenge $L_2 = L_{2a} \cap L_{2b}$ wird graphisch bestimmt:

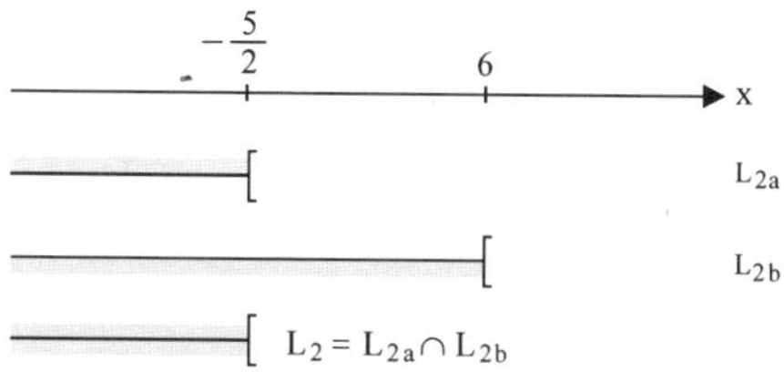


Also ist $L_2 = \left]-\infty; -\frac{5}{2}\right[$

Die Gesamtlösungsmenge L umfaßt alle Werte von $x \in \mathbb{Q}$, für die der 1. Fall zutrifft (Lösungsmenge $L_1$), zusätzlich aber auch alle Werte von $x \in \mathbb{Q}$, für die der 2. Fall zutrifft (Lösungsmenge $L_2$). Deshalb ist L die Vereinigungsmenge von $L_1$ und $L_2$:

$$L = L_1 \cup L_2 = \left]-\infty; -\frac{5}{2}\right[ \cup \left]6; \infty\right[$$

2. Bestimme die Lösungsmenge!
   $(1 - 2x) \cdot (5 - 3x) \leq 0 \quad G = \mathbb{Q}$

   **Lösung:**
   Wir unterscheiden zwei Fälle:
   **1. Fall:** 1. Faktor $\geq 0$ **und** 2. Faktor $\leq 0$.
   **2. Fall:** 1. Faktor $\leq 0$ **und** 2. Faktor $\geq 0$.
   Im 1. Fall muß gelten:
   (1 a) $1 - 2x \geq 0$ **und** (1 b) $5 - 3x \leq 0$

Lösung von (1 a):

$$1 - 2x \geq 0 \quad | -1$$
$$-2x \geq -1 \quad | :(-2)$$
$$x \leq \frac{1}{2}$$
$$L_{1a} = \left]-\infty; \frac{1}{2}\right]$$

Lösung von (1 b):

$$5 - 3x \leq 0 \quad | -5$$
$$-3x \leq -5 \quad | :(-3)$$
$$x \geq \frac{5}{3}$$
$$L_{1b} = \left[\frac{5}{3}; \infty\right[$$

Also ist
$L_1 = L_{1a} \cap L_{1b} = \{\ \}$

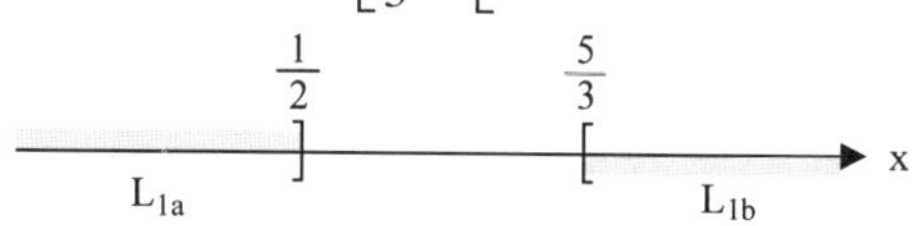

Im 2. Fall muß gelten:

(2a) $1 - 2x \leq 0$ **und** (2b) $5 - 3x \geq 0$

Lösung von (2a):

$$1 - 2x \leq 0 \quad | -1$$
$$-2x \leq -1 \quad | :(-2)$$
$$x \geq \frac{1}{2}$$
$$L_{2a} = \left[\frac{1}{2}; \infty\right[$$

Lösung von (2b):

$$5 - 3x \geq 0 \quad | -5$$
$$-3x \geq -5 \quad | :(-3)$$
$$x \leq \frac{5}{3}$$
$$L_{2b} = \left]-\infty; \frac{5}{3}\right]$$

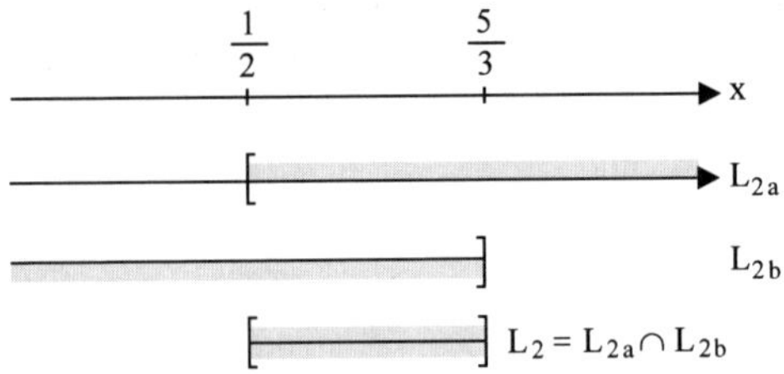


Also ist $L_2 = \left[\frac{1}{2}; \frac{5}{3}\right]$

$$\Rightarrow L = L_1 \cup L_2 = \{\ \} \cup \left[\frac{1}{2}; \frac{5}{3}\right] = \left[\frac{1}{2}; \frac{5}{3}\right]$$

**Aufgaben**

**31.** Bestimme jeweils die Lösungsmenge ($G = \mathbb{Q}$). Halte dich dabei an das Schema des letzten Beispiels!

a) $(x - 1)(x - 2) > 0$

b) $(x - 4)(x + 2) < 0$

c) $(x + 8)(x - 3) \geq 0$

d) $x(2x - 7) \leq 0$

e) $(9 - 3x)(2 - 5x) > 0$

f) $(4x + 7)(11 - 3x) \leq 0$

## 6.3 Bruchungleichungen

Ungleichungen, in denen die Variable (hier x) im Nenner auftritt, heißen **Bruchungleichungen**.

Beispiel:

$$\frac{1-x}{5x-11} < 5; \quad G = \mathbb{Q}$$

Da x im Nenner auftritt, muß die zugehörige Definitionsmenge D bestimmt werden:

$$5x - 11 = 0; \quad 5x = 11; \quad x = \frac{11}{5}; \quad \text{also ist } D = \mathbb{Q} \setminus \left\{\frac{11}{5}\right\}.$$

Zunächst werden nur einfache Bruchungleichungen der Form $\frac{ax+b}{cx+d} > 0$ (bzw. $\geq 0$) oder $\frac{ax+b}{cx+d} < 0$ (bzw. $\leq 0$) betrachtet. Solche Ungleichungen lassen sich genauso lösen wie Produktungleichungen. Wir benutzen dazu folgende Regeln:

**Vorzeichenregeln**

1. Ein Bruch ist **positiv**, wenn der Zähler positiv **und** der Nenner positiv ist, oder der Zähler negativ **und** der Nenner negativ ist.

   In Kurzform: $\frac{+}{+} = +; \quad \frac{-}{-} = +$

2. Ein Bruch ist **negativ**, wenn der Zähler positiv **und** der Nenner negativ ist, oder der Zähler negativ **und** der Nenner positiv ist.

   In Kurzform: $\frac{+}{-} = -; \quad \frac{-}{+} = -$

Solche Bruchungleichungen lassen sich durch eine **Fallunterscheidung** auf einfachere Ungleichungen zurückführen.

**Ungleichungen der Form $\frac{ax+b}{cx+d} > 0$ (bzw. $< 0$; $\geq 0$; $\leq 0$) löst man,** indem man

1. die Definitionsmenge D bestimmt,
2. in einer Fallunterscheidung die Bedingungen für Zähler und Nenner feststellt,
3 die beiden Ungleichungen des 1. Falls aufstellt und die Lösungsmenge $L_1 = L_{1a} \cap L_{1b}$ bestimmt,
4. die beiden Ungleichungen des 2. Falls aufstellt und die Lösungsmenge $L_2 = L_{2a} \cap L_{2b}$ bestimmt,
5. die Gesamtlösungsmenge $L = L_1 \cup L_2$ bestimmt.

Beispiele:

1. Bestimme die Lösungsmenge:

$$\frac{3x-5}{7x-4} \leq 0; \quad G = \mathbb{Q}$$

**Lösung:**

*Schritt 1:* Wir bestimmen die Definitionsmenge

$$7x - 4 = 0 \quad |+4$$
$$7x = 4 \quad |:7$$
$$x = \frac{4}{7}$$

Also: $D = \mathbb{Q} \setminus \left\{\frac{4}{7}\right\}$.

*Schritt 2:* Wir setzen die Fallunterscheidung fest

**1. Fall**: Zähler $\geq 0$ **und** Nenner $< 0$

**2. Fall**: Zähler $\leq 0$ **und** Nenner $> 0$

(Erinnere dich, daß der Zähler 0 werden darf, der Nenner jedoch nicht!)

*Schritt 3:* Wir bestimmen die Lösungsmenge des 1. Falls

Im **1. Fall** sind diejenigen Werte von $x \in D$ zu bestimmen, für die die Ungleichungen

(1 a) $3x-5 \geq 0$ **und** (1 b) $7x-4 < 0$ zugleich erfüllt sind.

Lösung von (1 a):

$$3x - 5 \geq 0 \quad | +5$$
$$3x \geq 5 \quad | :3$$
$$x \geq \frac{5}{3}$$
$$L_{1a} = \left[\frac{5}{3}; \infty\right[$$

Lösung von (1 b):

$$7x - 4 < 0 \quad | +4$$
$$7x < 4 \quad | :7$$
$$x < \frac{4}{7}$$
$$L_{1b} = \left]-\infty; \frac{4}{7}\right[$$

Also ist
$L_1 = L_{1a} \cap L_{1b} = \{\ \}$

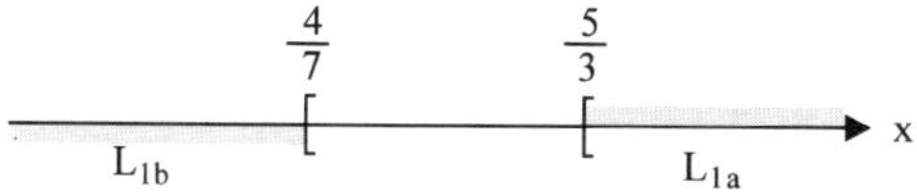


*Schritt 4:* Wir bestimmen die Lösungsmenge des 2. Falls
Im **2. Fall** sind diejenigen Werte von $x \in D$ zu bestimmen, für die die Ungleichungen
(2 a) $3x - 5 \leq 0$ **und** (2 b) $7x - 4 > 0$ zugleich erfüllt sind.

Lösung von (2 a):

$$3x - 5 \leq 0 \quad | +5$$
$$3x \leq 5 \quad | :3$$
$$x \leq \frac{5}{3}$$
$$L_{2a} = \left]-\infty; \frac{5}{3}\right]$$

Lösung von (2 b):

$$7x - 4 > 0 \quad | +4$$
$$7x > 4 \quad | :7$$
$$x > \frac{4}{7}$$
$$L_{2b} = \left]\frac{4}{7}; \infty\right]$$

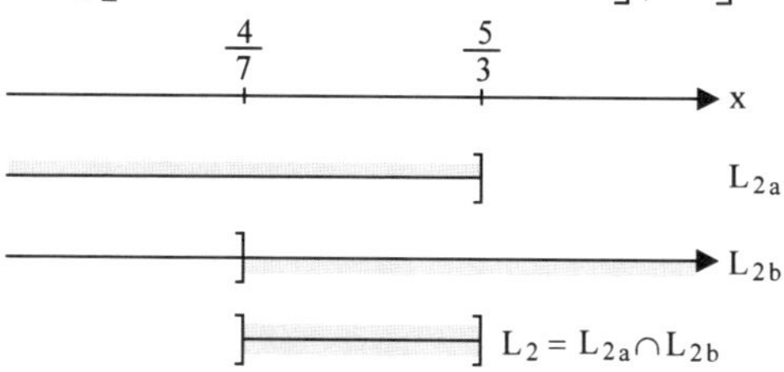


Also ist $L_2 = L_{2a} \cap L_{2b} = \left]\frac{4}{7}; \frac{5}{3}\right]$

*Schritt 5:* Wir bestimmen die Gesamtlösungsmenge
Die Gesamtlösungsmenge L umfaßt alle Werte von $x \in D$, für die der 1. Fall zutrifft ($L_1$), aber auch alle Werte von $x \in D$, für die der 2. Fall zutrifft ($L_2$).

Deshalb ist L die Vereinigungsmenge von $L_1$ und $L_2$:

$$L = L_1 \cup L_2 = \{\ \} \cup \left]\frac{4}{7};\frac{5}{3}\right] = \left]\frac{4}{7};\frac{5}{3}\right].$$

2. Bestimme die Lösungsmenge:

$$\frac{1-3x}{4x+1} \le 0; \qquad G = \mathbb{Q}$$

**Lösung:**

*Schritt 1:* Wir ermitteln die Definitionsmenge

$$\begin{aligned} 4x+1 &= 0 \quad &&|-1 \\ 4x &= -1 \quad &&|:4 \\ x &= -\frac{1}{4} \end{aligned}$$

Also: $D = \mathbb{Q} \setminus \left\{-\frac{1}{4}\right\}$

*Schritt 2:* Wir setzen die Fallunterscheidung fest

**1. Fall**: Zähler $\ge 0$ **und** Nenner $< 0$

**2. Fall**: Zähler $\le 0$ **und** Nenner $< 0$

*Schritt 3:* Wir bestimmen die Lösungsmenge des 1. Falls

(1 a) $1 - 3x \ge 0$ **und** (1 b) $4x + 1 < 0$

Lösung von (1 a):

$$\begin{aligned} 1-3x &\ge 0 \quad &&|-1 \\ -3x &\ge -1 \quad &&|:(-3) \\ x &\le \frac{1}{3} \end{aligned}$$

$$L_{1a} = \left]-\infty;\frac{1}{3}\right]$$

Lösung von (1 b):

$$\begin{aligned} 4x+1 &< 0 \quad &&|-1 \\ 4x &< -1 \quad &&|:4 \\ x &< -\frac{1}{4} \end{aligned}$$

$$L_{1b} = \left]-\infty;-\frac{1}{4}\right[$$

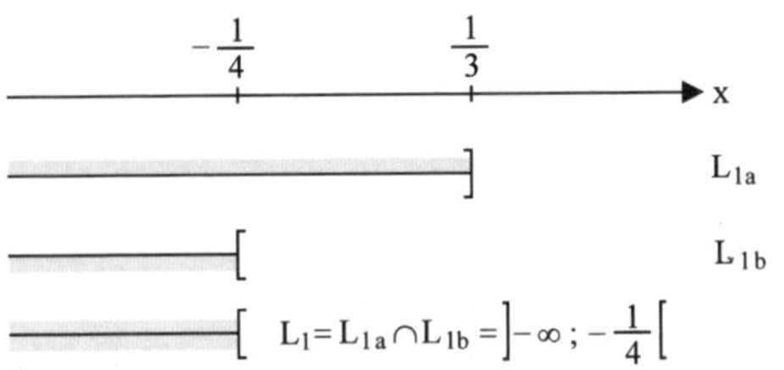

*Schritt 4:* Wir bestimmen die Lösungsmenge des 2. Falls

(2a) $1-3x \leq 0$ **und** (2b) $4x+1>0$

Lösung von (2a):

$$1-3x \leq 0 \quad |-1$$
$$-3x \leq -1 \quad |:(-3)$$
$$x \geq \frac{1}{3}$$
$$L_{2a} = \left[\frac{1}{3};\infty\right[$$

Lösung von (2b):

$$4x+1>0 \quad |-1$$
$$4x>-1 \quad |:4$$
$$x>-\frac{1}{4}$$
$$L_{2b} = \left]-\frac{1}{4};\infty\right[$$

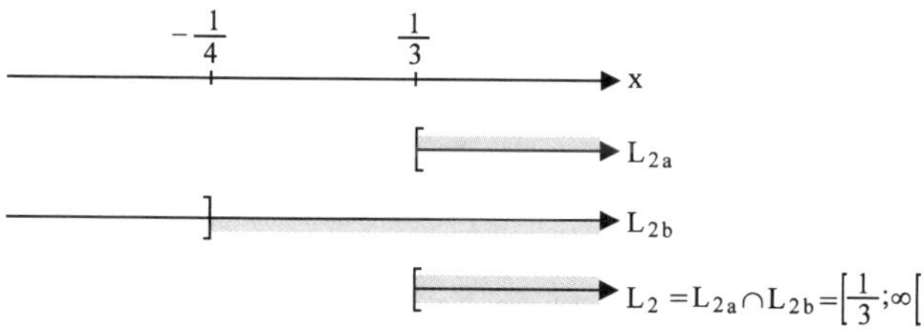


*Schritt 5:* Wir bestimmen die Gesamtlösungsmenge

$$L = L_1 \cup L_2 = \left]-\infty;-\frac{1}{4}\right[ \cup \left[\frac{1}{3};\infty\right[$$

## Aufgaben

**32.** Bestimme jeweils die Lösungsmenge ($G = \mathbb{Q}$). Gehe dabei nach dem Schema des letzten Beispiels vor!

a) $\frac{x-2}{x+3} > 0$ b) $\frac{3+x}{x-5} > 0$

c) $\frac{2x-3}{3x-1} < 0$ d) $\frac{11x-1}{12x-1} \geq 0$

e) $\frac{7-6x}{3x+8} \leq 0$ f) $\frac{2(x+3)}{3(x-4)} \geq 0$

g) $\frac{2}{x+3} \geq 0$ h) $\frac{3}{6-x} \leq 0$

Mit dem bisher entwickelten Lösungsverfahren lassen sich auch **schwierigere Bruchungleichungen** lösen:

Beispiel:

Bestimme die Lösungsmenge:

$$\frac{22-x}{3x+12} < 4; \quad G = \mathbb{Q}$$

**Lösung:**

*Schritt 1:* Wie bestimmen die Definitionsmenge D und formen um

$$3x+12 = 0 \qquad |-12$$
$$3x = -12 \qquad |:3$$
$$x = -\frac{12}{3} = -4$$

Also: $D = \mathbb{Q} \setminus \{-4\}$

Vor einer Fallunterscheidung muß die Ungleichung noch umgeformt werden. Damit auf der rechten Seite der Ungleichung 0 steht, bringt man die 4 auf die linke Seite:

$$\frac{22-x}{4x+12} - 4 < 0$$

Nun faßt man zusammen:

$$\frac{22-x}{3x+12} - \frac{4(3x+12)}{3x+12} < 0$$
$$\frac{22-x-12x-48}{3x+12} < 0$$
$$\frac{-13x-26}{3x+12} < 0$$

Jetzt liegt eine Ungleichung vom Typ $\frac{ax+b}{cx+d} < 0$ vor, die man nach dem Schema von S. 62 löst:

*Schritt 2:* Wie setzen die Fallunterscheidung fest

**1. Fall:** Zähler > 0 **und** Nenner < 0

**2. Fall:** Zähler < 0 **und** Nenner > 0

*Schritt 3:* Wie bestimmen die Lösungsmenge des 1. Falls

(1 a) $-13x - 26 > 0$ **und** (1 b) $3x + 12 < 0$

Lösung von (1 a):

$-13x - 26 > 0 \quad | +26$

$-13x > 26 \quad | :(-13)$

$x < -2$

$L_{1a} = ]-\infty; -2[$

Lösung von (1 b):

$3x + 12 < 0 \quad | -12$

$3x < -12 \quad | :3$

$x < -4$

$L_{1b} = ]-\infty; -4[$

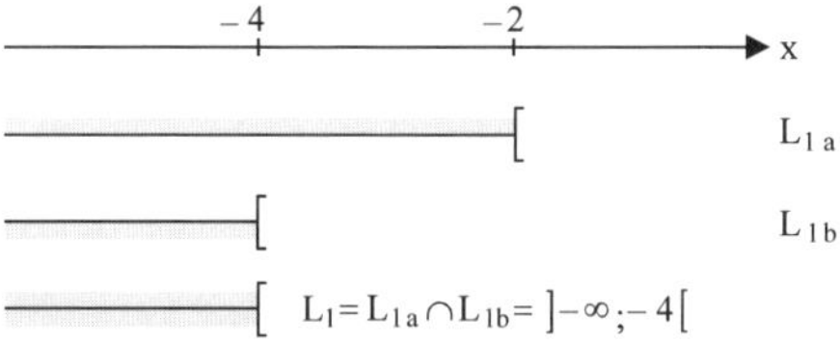


*Schritt 4:* Wir bestimmen die Lösungsmenge des 2. Falls

(2 a) $-13x - 26 < 0$ **und** (2 b) $3x + 12 > 0$

Lösung von (2 a):

$-13x - 26 < 0 \quad | +26$

$-13x < 26 \quad | :(-13)$

$x > -2$

$L_{2a} = ]-2; \infty[$

Lösung von (2 b):

$3x + 12 > 0 \quad | -12$

$3x > -12 \quad | :3$

$x > -4$

$L_{2b} = ]-4; \infty[$

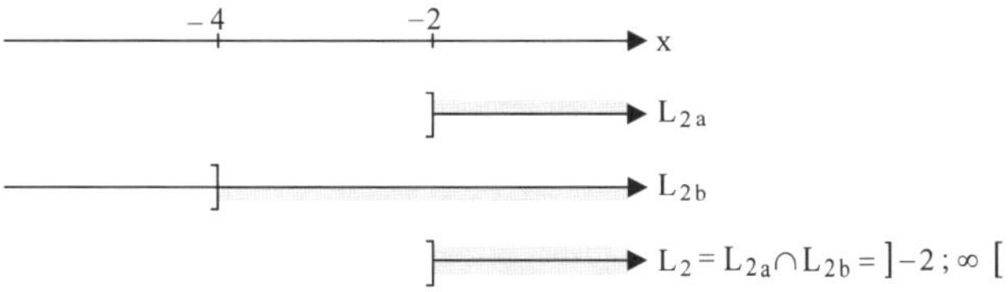


*Schritt 5:* Wir bestimmen die Gesamtlösungsmenge

$L = L_1 \cup L_2 = ]-\infty; -4[ \cup ]-2; \infty[$

## Aufgaben

**33.** Bestimme jeweils die Lösungsmenge ($G = \mathbb{Q}$).

a) $\frac{x+5}{x+4} > 2$ b) $\frac{x-6}{x-4} > 3$ c) $\frac{3x-2}{2x-5} \leq -4$

d) $\frac{2-x}{x+3} < \frac{2}{3}$ e) $\frac{1}{2(x-3)} - \frac{20}{3(x-3)} \geq 2$

## 6.4 Einfache Ungleichungen mit Beträgen

Unter dem (absoluten) Betrag einer Zahl x versteht man
– die **Zahl selbst**, wenn sie **positiv** oder Null ist,
– ihre **Gegenzahl**, wenn sie **negativ** ist.

Kurz: $|x| = \begin{cases} x, \text{ wenn } x \geq 0 \\ -x, \text{ wenn } x < 0 \end{cases}$

Anders ausgedrückt:

Ist $x \geq 0$, kann man schreiben $|x| = x$
also gilt z. B. für $x = 3$: $|3| = 3$
Ist $x < 0$, kann man schreiben $|x| = -x$
also gilt z. B. für $x = -3$: $|-3| = -(-3) = 3$

Die Terme x (für $x \geq 0$) und $-x$ (für $x < 0$) stellen **die betragsfreie Form** des Terms $|x|$ dar.
Ziel der folgenden Übung ist es, einen gegebenen Term betragsfrei darzustellen.

Beispiel:

Der Term $|2x + 5|$ soll betragsfrei dargestellt werden.

**Lösung:**
Zuerst muß untersucht werden, für welche $x \in \mathbb{Q}$ der Term **zwischen den Betragstrichen**, also $2x + 5$,
1. positiv oder gleich Null **oder**
2. negativ wird.

**1. Fall:**
$2x + 5 \geq 0$ (1. Betragsbedingung)

Lösung:

$$
\begin{aligned}
2x + 5 &\geq 0 \quad &&|-5 \\
2x &\geq -5 \quad &&|:2 \\
x &\geq -\frac{5}{2}
\end{aligned}
$$

Als Lösungsmenge $L_1$ dieser Ungleichung erhält man: $L_1 = \left[-\frac{5}{2}; \infty\right[$.

D. h. für $x \geq -\frac{5}{2}$ bzw. $x \in L_1$ gilt: $|2x + 5| = \underbrace{2x + 5}_{\geq 0}$

**2. Fall:**

$2x + 5 < 0$ (2. Betragsbedingung)

Lösung:

$$
\begin{aligned}
2x + 5 &< 0 \quad &&|-5 \\
2x &< -5 \quad &&|:2 \\
x &< -\frac{5}{2}
\end{aligned}
$$

Als Lösungsmenge $L_2$ dieser Ungleichung erhält man: $L_2 = \left]-\infty; -\frac{5}{2}\right[$

D. h. für $x < -\frac{5}{2}$ bzw. $x \in L_2$ gilt: $|2x + 5| = -\underbrace{(2x + 5)}_{<0} = -2x - 5$

Zusammengefaßt erhält man:

$$
|2x + 5| = \begin{cases} 2x + 5, \text{ wenn } x \geq -\frac{5}{2} \text{ bzw. } x \in \left[-\frac{5}{2}; \infty\right[ \\ -2x - 5, \text{ wenn } x < -\frac{5}{2} \text{ bzw. } x \in \left]-\infty; -\frac{5}{2}\right[ \end{cases}
$$

## Aufgaben

**34.** Beschreibe folgende Terme betragsfrei. Löse dazu die beiden Betragsbedingungen!

a) $|x - 2|$ b) $|x + 3|$

c) $|3 - 2x|$ d) $|12 + 3x|$

e) $|12x - 1|$ f) $|1 - 15x|$

Wir betrachten nun Ungleichungen, in denen Betragstriche vorkommen.

**Betragsungleichungen löst man**, indem man

1. die 1. Betragsbedingung und die zugehörige betragsfreie Ungleichung aufstellt und die Lösungsmenge $L_1 = L_{1a} \cap L_{1b}$ bestimmt,
2. die 2. Betragsbedingung und die zugehörige betragsfreie Ungleichung aufstellt und die Lösungsmenge $L_2 = L_{2a} \cap L_{2b}$ bestimmt,
3. die Gesamtlösungsmenge $L_1 = L_1 \cup L_2$ bestimmt.

Beispiel:

Bestimme die Lösungsmenge:
$|-x + 23| < 4x - 2; \quad G = \mathbb{Q}$

**Lösung:**
Wir schreiben den Term $|-x + 23|$ betragsfrei und unterscheiden dazu zwei Fälle:

**1. Fall:**
Ist $\quad -x + 23 \geq 0 \quad$ (**1. Betragsbedingung**),
so gilt: $\quad |-x + 23| = -x + 23$
In der gegebenen Ungleichung darf man dann $|-x + 23|$ durch $-x + 23$ ersetzen: $-x + 23 < 4x - 2$.
Gesucht sind also diejenigen Werte von $x \in \mathbb{Q}$, für die die Ungleichungen
(1 a) $-x + 23 \geq 0$ **und** (1 b) $-x + 23 < 4x - 2$
zugleich erfüllt sind.

Lösung von (1 a):

$$-x + 23 \geq 0 \quad |-23$$
$$-x \geq -23 \quad |\cdot(-1)$$
$$x \leq 23$$
$$L_{1a} = ]-\infty; 23]$$

Lösung von (1 b):

$$-x + 23 < 4x - 2 \quad |-4x - 23$$
$$-5x < -25 \quad |:(-5)$$
$$x > 5$$
$$L_{2a} = ]5; \infty[$$

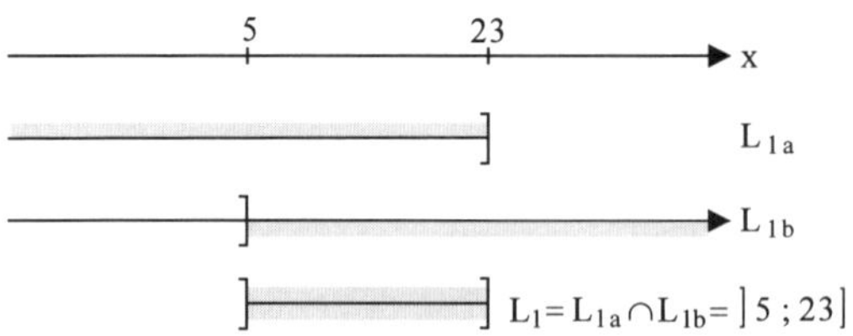

**2. Fall:**

Ist $-x + 23 < 0$ **(2. Betragsbedingung)**,

so gilt: $|-x+23| = -(-x + 23) = x - 23$

In der gegebenen Ungleichung darf man dann $|-x + 23|$ durch $x - 23$ ersetzten: $x - 23 < 4x - 2$.

Gesucht sind also diejenigen Werte von $x \in \mathbb{Q}$, für die die Ungleichungen

(2a) $-x + 23 < 0$ **und** (2b) $x - 23 < 4x - 2$

zugleich erfüllt sind.

Lösung von (2a):

$$-x+23<0 \quad |-23$$
$$-x<-23 \quad |\cdot(-1)$$
$$x>23$$
$$L_{2a}=\,]23;\infty[$$

Lösung von (2b):

$$x-23<4x-2 \quad |-4x+23$$
$$-3x<21 \quad |:(-3)$$
$$x>-7$$
$$L_{2b}=\,]-7;\infty[$$

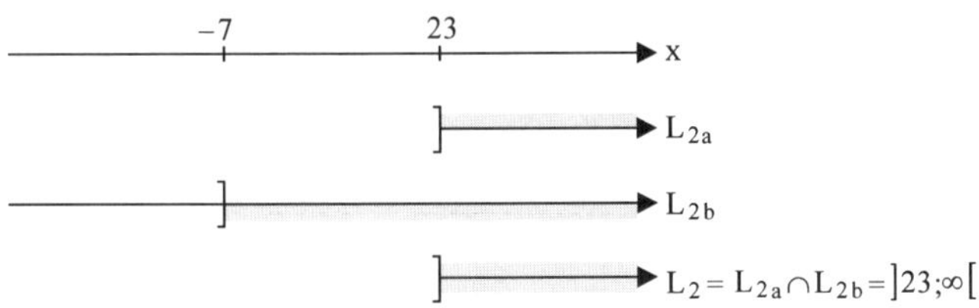


Die Gesamtlösungsmenge L der Betragsungleichung umfaßt alle Werte von $x \in \mathbb{Q}$, für die der 1. Fall zutrifft (1. Betragsbedingung und betragsfreie Ungleichung), aber auch alle Werte von $x \in \mathbb{Q}$, für die der 2. Fall zutrifft (2. Betragsbedingung und betragsfreie Ungleichung). Deshalb ist L die Vereinigungsmenge von $L_1$ und $L_2$:

$$L = L_1 \cup L_2 = \,]5;23] \cup \,]23;\infty[\, = \,]5;\infty[$$

**Aufgaben**

**35.** Bestimme die Lösungsmenge in der Grundmenge $G = \mathbb{Q}$.

a) $|x| + 2x \geq 3$  b) $6x - 2|x| \leq 32$

c) $|x + 3| + 4x > -7$  d) $|2x + 4| > -3 - 5x$

e) $11 - |x - 7| \geq 5x$  f) $|3x - 6| > 2x - 14$

## 6.5 Einfache Gleichungen mit Beträgen

In ähnlicher Weise lassen sich auch **Gleichungen** lösen, in denen Betragstriche vorkommen.

**Betragsgleichungen löst man**, indem man

1. die 1. Betragsbedingung aufstellt, die Lösung der zugehörigen betragsfreien Gleichung bestimmt, diese Lösung in die 1. Betragsbedingung einsetzt und daraus die Lösungsmenge $L_1$ folgert,
2. die 2. Betragsbedingung aufstellt, die Lösung der zugehörigen betragsfreien Gleichung bestimmt, diese Lösung in die 2. Betragsbedingung einsetzt und daraus die Lösungsmenge $L_2$ folgert,
3. die Gesamtlösungsmenge $L = L_1 \cup L_2$ bestimmt.

Beispiel:

Bestimme die Lösungsmenge:
$|\mathbf{2x - 4}| + 3x = 1; \quad G = \mathbb{Q}$

**Lösung:**
Um diese Gleichung umformen zu können, muß der Term $|2x - 4|$ betragsfrei geschrieben werden.

**1. Fall:**
Ist $\quad 2x - 4 \geq 0 \quad$ (1. Betragsbedingung),
so gilt: $|2x - 4| = 2x - 4$
In der Gleichung darf man dann $|2x - 4|$ durch $2x - 4$ ersetzen:
$\mathbf{2x - 4} + 3x = 1$
D. h. es sind diejenigen Werte von $x \in \mathbb{Q}$ zu bestimmen, für die die Bedingungen
(1 a) $2x - 4 \geq 0$ **und** (1 b) $2x - 4 + 3x = 1$ zugleich erfüllt sind.

Da eine Gleichung (wie z. B. (1 b)) in der Regel nur eine Lösung hat, genügt es, diese Lösung zu bestimmen und durch Einsetzen in die Bedingung (1 a) zu überprüfen:

Lösung von (1 b):

$$2x-4+3x=1$$
$$5x-4=1$$
$$5x=5$$
$$x=1$$

Einsetzen von $x = 1$ in (1 a): $2 \cdot 1 - 4 \geq 0$ (f), da $2 - 4 = -2 < 0$

Da das Einsetzen von $x = 1$ eine falsche Aussage ergibt, gilt für die Lösungsmenge $L_1$ von (1 a) und (1 b): $L_1 = \{\ \}$.

**2. Fall:**

Ist $2x - 4 < 0$ (2. Betragsbedingung),

so gilt: $|2x-4| = -(2x-4) = -2x + 4$

In der Gleichung darf man dann $|2x - 4|$ durch $-2x + 4$ ersetzen:

$\mathbf{-2x + 4} + 3x = 1$

D. h. es sind diejenigen Werte von $x \in \mathbb{Q}$ zu bestimmen, für die die Bedingungen

(2 a) $2x - 4 < 0$ **und** (2 b) $-2x + 4 + 3x = 1$ zugleich erfüllt sind.

Lösung von (2 b):

$$-2x+4+3x=1$$
$$x+4=1$$
$$x=-3$$

Einsetzen von $x = -3$ in (2 a):

$2\cdot(-3)+4<0$ (w), da $2\cdot(-3)+4=-6+4=-2<0$

Also gilt für die Lösungsmenge $L_2$ von (2 a) und (2 b): $L_2 = \{-3\}$.

Faßt man beide Fälle zusammen, erhält man als Lösungsmenge L der Betragsgleichung: $L = L_1 \cup L_2 = \{\ \} \cup \{-3\} = \{-3\}$

## Aufgaben

**36.** Bestimme die Lösungsmenge in der Grundmenge $G = \mathbb{Q}$.

a) $|3x+4|+2x=19$  b) $2 \cdot |4 - x| - 3x = 3$

c) $4x - 3 \cdot |3 - x| = 5$  d) $2x + 1 = 2 \cdot |2x + 3|$

# Lineare Funktionen und Gleichungssysteme

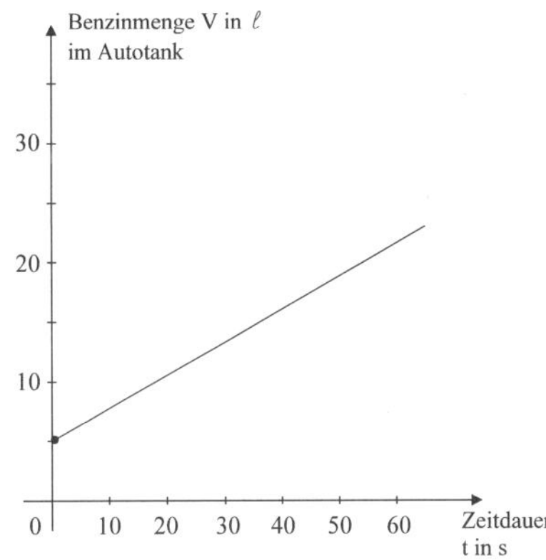


Funktionen beschreiben Zusammenhänge zwischen Zähl- oder Meßbarem. Ein solcher Zusammenhang ist im obigen Bild dargestellt: ein Auto wird aufgetankt. Zwischen der in den Tank gepumpten Benzinmenge V und der Zeitdauer t besteht ein einfacher Zusammenhang. Im Gitternetz ist dieser Zusammenhang graphisch wiedergegeben.

# 7 Lineare Funktionen

## 7.1 Einführung des Funktionsbegriffs

Wird jeder Zahl einer gegebenen Zahlenmenge D durch eine bestimmte Vorschrift wieder genau eine Zahl zugeordnet, so nennt man eine solche Zuordnung eine **Funktion**.
Die Zahlenmenge D nennt man die Definitionsmenge der Funktion. Eine Funktion ist durch ihre Definitionsmenge D und durch die Vorschrift eindeutig festgelegt.

Beispiel:

Vorschrift: $x \mapsto 2 \cdot x$ mit $x \in D = \{-1; 1; 2\}$

*Das bedeutet:* Der Zahl –1 wird das Doppelte, also die Zahl –2, der Zahl 1 die 2 und der 2 die 4 zugeordnet. Da **jeder** Zahl aus D wieder **genau** eine Zahl zugeordnet wird, liegt eine **Funktion** vor.

Für die Zahlen aus D verwendet man die **Variable x**, für die zugeordenten Zahlen die **Variable y**. Die einer Zahl $x \in D$ zugeordnete Zahl y nennt man den **Funktionswert** der Zahl x. Im obigen Beispiel ist z. B. die Zahl 4 der Funktionswert der Zahl 2.

Eine Funktion wird gewöhnlich mit f bezeichnet, die zugehörige Vorschrift mit Hilfe eines Terms, der die Variable x enthält, beschrieben.

Beispiel:

$f\colon x \mapsto \frac{1}{2}x^2$ mit $D = \{-1; 0; 1; 2; 3\}$

Diese Funktion f ordnet jeder Zahl $x \in D$ diejenige Zahl y zu, die man beim Einsetzen der Zahl x in den Term $\frac{1}{2}x^2$ **(Funktionsterm)** erhält. So erhält man durch Einsetzen:

$x := -1 \qquad y = \frac{1}{2}(-1)^2 = 0{,}5$

$x := 0 \qquad y = \frac{1}{2} \cdot 0^2 = 0$

$x := 1 \qquad y = \frac{1}{2} \cdot 1^2 = 0{,}5$

$x := 2 \qquad y = \frac{1}{2} \cdot 2^2 = 2$

$x := 3 \qquad y \cdot \frac{1}{2} \cdot 3^2 = 4{,}5$

Damit läßt sich die Funktion f auch durch eine **Wertetabelle** beschreiben:

| $x$ | $-1$ | 0 | 1 | 2 | 3 |
|---|---|---|---|---|---|
| $y = \frac{1}{2}x^2$ | 0,5 | 0 | 0,5 | 2 | 4,5 |

Die Gleichung $y = \frac{1}{2}x^2$ heißt die **Funktionsgleichung** von f.

Zusammengehörende x- und y-Werte lassen sich als Paare (x; y) darstellen. Faßt man alle Paare einer Funktion als **Punkte** in einem Koordinatensystem auf, so erhält man den **Graphen** (das Schaubild) dieser Funktion.

**Der Graph einer Funktion wird gezeichnet,** indem man

1. durch Einsetzen geeigneter x-Werte in den Funktionsterm eine Wertetabelle aufstellt,
2. zusammengehörige x- und y-Werte als Punkte in ein Koordinatensystem einträgt,
3. im Fall $D = \mathbb{Q}$ die eingezeichneten Punkte zu einer zusammenhängenden Kurvenlinie verbindet.

Beispiele:

1. Zeichne den Graphen der Funktion
   f: $x \mapsto 2x$ mit $x \in \{-1; 1; 2\}$!

   **Lösung:**

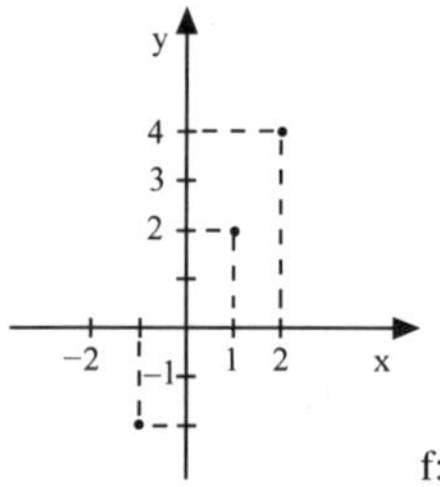


f: $x \mapsto 2x$; $x \in \{-1; 1; 2\}$

Der Graph besteht aus drei Punkten.

2. Zeichne den Graphen der Funktion
   f: $x \mapsto \frac{1}{2}x^2$ mit $x \in \mathbb{Q}$!

   **Lösung:**
   Man bestimmt für geeignete Werte von x (meist ganzzahlig von −3 bis +3) eine Wertetabelle:

| x | −3 | −2 | −1 | 0 | 1 | 2 | 3 |
|---|---|---|---|---|---|---|---|
| $y = \frac{1}{2}x^2$ | 4,5 | 2 | 0,5 | 0 | 0,5 | 2 | 4,5 |

und trägt die zugehörigen Punkte in ein Koordinatensystem ein. Da der Graph aber aus **unendlich vielen** Punkten ($D = \mathbb{Q}$!) besteht, zeichnet man ihn als **zusammenhängende Linie**. Ist der Verlauf der Kurve in einzelnen Bereichen noch unklar, müssen noch weitere Wertepaare berechnet werden:

| x | 0,5 | −0,5 | 2,5 |
|---|---|---|---|
| y | 0,125 | 0,125 | 3,125 |

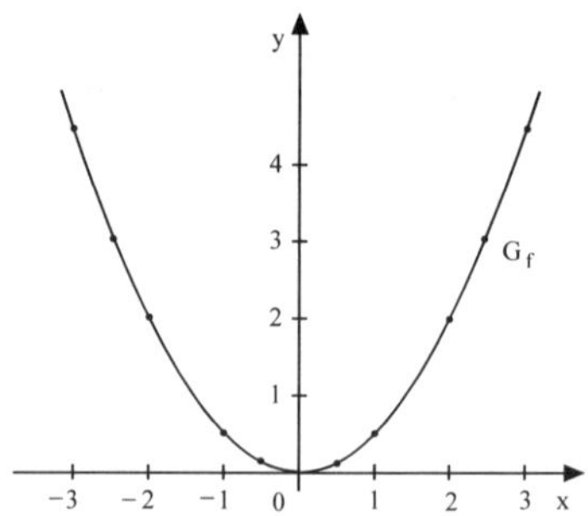

**Aufgaben**

**37.** Zeichne den Graphen der gegebenen Funktion. Stelle dazu eine Wertetabelle auf!

a) $f: x \mapsto x$; $D = \{-2; 0; 1; 2\}$

b) $f: x \mapsto -x$; $D = \{-3; -1; 0; 2\}$

c) $f: x \mapsto \frac{1}{x}$; $D = \{0{,}5; 1; 2; 3; 4\}$

d) $f: x \mapsto \frac{1}{x}$; $D = \{-0{,}5; -1; -2; -3; -4\}$

e) $f: x \mapsto -x$; $D = \mathbb{Q}$

f) $f: x \mapsto x^2 - 2$; $D = \mathbb{Q}$

g) $f: x \mapsto 3 - x^2$; $D = \mathbb{Q}$

h) $f: x \mapsto -\frac{1}{2}x + 1$; $D = \mathbb{Q}$

## 7.2 Definition der linearen Funktionen

Funktionen mit der Definitionsmenge $\mathbb{Q}$ und der Vorschrift $x \mapsto mx + t$ bzw. der Funktionsgleichung $y = mx + t$ heißen **lineare Funktionen**. Dabei sind m und t feste Zahlen aus $\mathbb{Q}$.

Der Graph einer **linearen Funktion** ist stets eine Gerade.
Dieser Graph wird gezeichnet, indem man
1. zwei geeignete x-Werte in den Funktionsterm einsetzt,
2. die zugehörigen zwei Punkte in ein Koordinatensystem zeichnet,
3. eine Gerade durch beide Punkte zeichnet.

Beispiele:

Zeichne den Graphen der Funktion f!

1. $f: x \mapsto \frac{1}{2}x + 2;\ x \in \mathbb{Q}$  2. $y = -\frac{3}{2}x - 1;\ x \in \mathbb{Q}$

**Lösung:**

1. $P_1$: $x = -1;\quad y = \frac{1}{2} \cdot (-1) + 2 = \frac{3}{2}$

   $P_2$: $x = 2;\quad y = \frac{1}{2} \cdot 2 + 2 = 3$

   Statt x = –1 und x = 2 hätten wir auch zwei andere Zahlen für x wählen können.

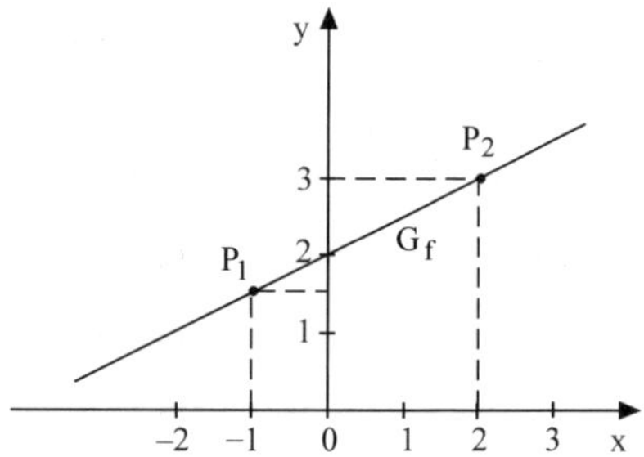


2. $P_1$: $x = -2;\quad y = -\frac{3}{2} \cdot (-2) - 1 = 2$

   $P_2$: $x = 2;\quad y = -\frac{3}{2} \cdot 2 - 1 = -4$

   Statt x = – 2 und x = 2 hätten wir auch zwei andere Zahlen für x wählen können.

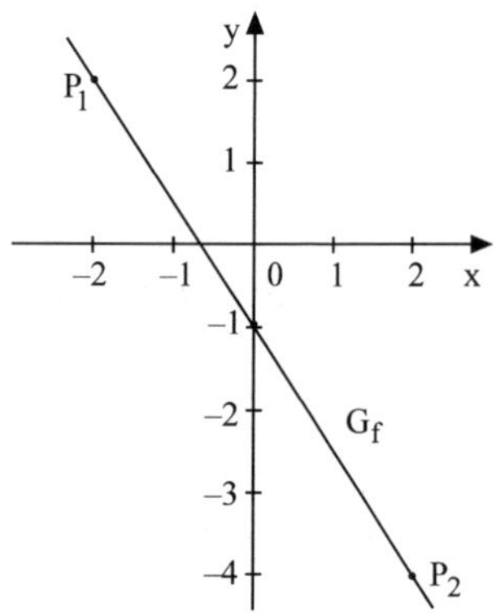


**Aufgaben**

**38.** Zeichne die Graphen zu folgenden Funktionsgleichungen. ($D = \mathbb{Q}$)

a) $y = x - 4$  b) $y = -x + 3$

c) $y = \frac{1}{2}x - \frac{3}{2}$  d) $y = \frac{3}{2}x - \frac{1}{2}$

e) $y = -2x + 1$  f) $y = -3x - 1$

Eine weitere Möglichkeit, den Graphen einer linearen Funktion zu zeichnen, erhält man, wenn man die Bedeutung von m und t in der allgemeinen Funktionsgleichung $y = mx + t$ untersucht:

1. **Bedeutung von t:**
   Einsetzen von $x := 0$ in $y = mx + t$ ergibt den Funktionswert $y = m \cdot 0 + t = t$. D. h. die zugehörige Gerade schneidet die y-Achse im Punkt T(0; t). t nennt man den **y-Abschnitt** der Geraden.

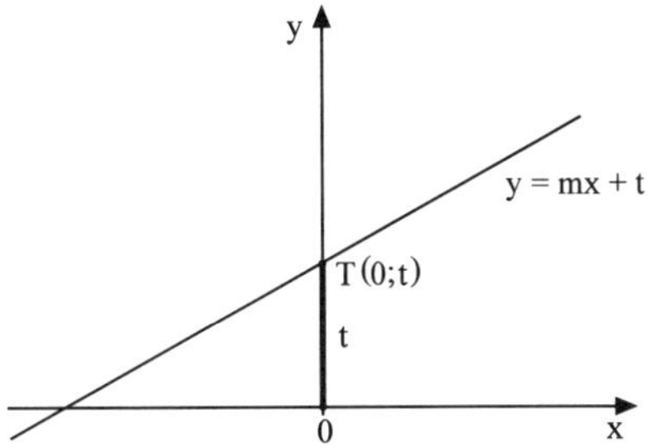


2. **Bedeutung von m:**
   Einsetzen von $x_1 := 0$, $x_2 := 1$, $x_3 := 2$ usw. in $y = mx + t$ ergibt die Funktionswerte $y_1 = t$, $y_2 = m + t$, $y_3 = 2m + t$ usw. D. h. erhöht man den x-Wert um 1, 2 usw., so nimmt der zugehörige y-Wert um m, 2m usw. zu. In der Zeichnung bedeutet das, daß man von einem beliebigen Geradenpunkt zu einem anderen kommt, wenn man um 1 bzw. 2 Längeneinheiten (LE) nach **rechts** und dann um m bzw. 2m LE für **m > 0** nach **oben** oder für **m < 0** nach **unten** geht. Die Gerade ist umso steiler, je größer m ist. Man nennt m deshalb die **Steigung** der Geraden.

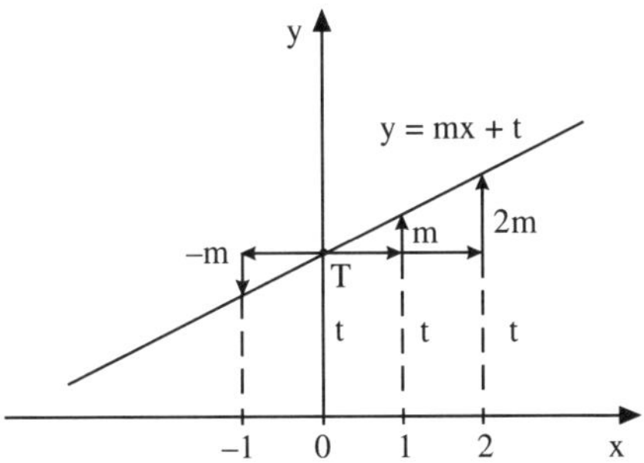


So zeichnet man eine **Gerade** mit Hilfe des **Steigungsdreiecks**

1. Man bringt die Geradengleichung auf die Form $y = mx + t$ und entnimmt daraus den Zahlenwert von t. Dann zeichnet man den Punkt T(0; t).
2. Aus der Geradengleichung entnimmt man den Zahlenwert von m und stellt diesen geeignet als Bruch dar.
   Dann geht man von T aus soviele Einheiten nach **rechts**, wie sie der **Nenner** angibt, danach soviele Einheiten nach **oben** ($m > 0$) bzw. nach **unten** ($m < 0$), wie sie der **Zähler** angibt.

Durch diesen Punkt und T ist die gesuchte Gerade bestimmt.

Beispiele:

1. Zeichne die Gerade g mit $y = \frac{3}{2}x + 1$ mit Hilfe der Steigung und des y-Abschnitts.

   **Lösung:**
   *Schritt 1:*
   $y = \frac{3}{2}x + \mathbf{1}$, d.h. $t = 1$.
   Man zeichnet T(0; 1) ein.
   *Schritt 2:*
   $y = \frac{3}{2}x + 1$, d.h. $m = \frac{3}{2}$.
   Also geht man von T aus z.B. 2 LE nach **rechts** und $2 \cdot m = 2 \cdot \frac{3}{2} = 3$ LE nach **oben**. Das dabei entstehende Dreieck nennt man **Steigungsdreieck**.

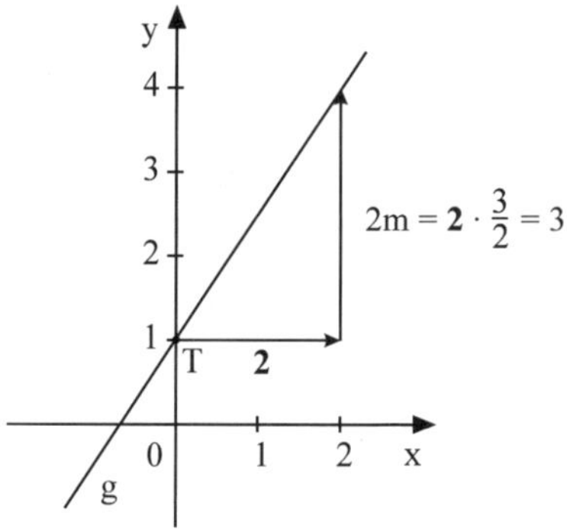


2. Zeichne die Gerade g mit $y = -\frac{3}{4}x + 2$ mit Hilfe der Steigung und des y-Abschnitts.

   **Lösung:**
   *Schritt 1:*
   $t = 2$
   Man zeichnet T(0; 2) ein.
   *Schritt 2:*
   $m = -\frac{3}{4}$
   Also geht man von T aus z.B. 4 LE nach **rechts** und wegen $4m = 4 \cdot (-\frac{3}{4}) = -3$ um 3 LE nach **unten** ($m < 0!$)

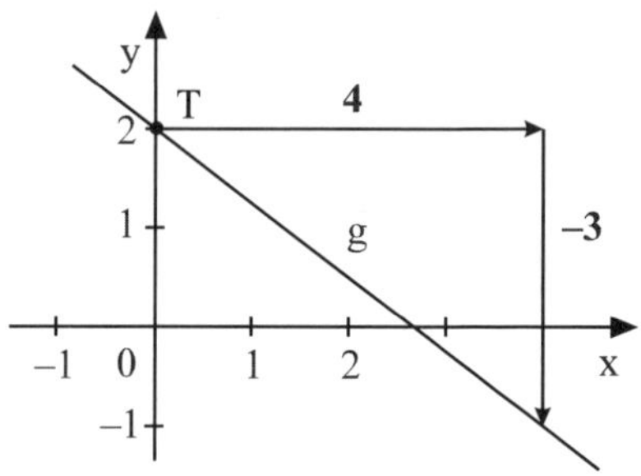

## Aufgaben

**39.** Zeichne mit Hilfe von m und t die Geraden zu folgenden Funktionsgleichungen.

a) $y = \frac{2}{3}x$ 　　b) $y = -\frac{3}{2}x$

c) $y = \frac{3}{2}x - 3$ 　　d) $y = \frac{1}{2}x + 2$

e) $y = 2x - 1$ 　　f) $y = 0{,}4x - 2$

g) $y = -\frac{5}{7}x + 1$ 　　h) $y = -\frac{3}{5}x - 1$

**40.** Stelle zu folgenden Geraden die Funktionsgleichungen auf!

a)

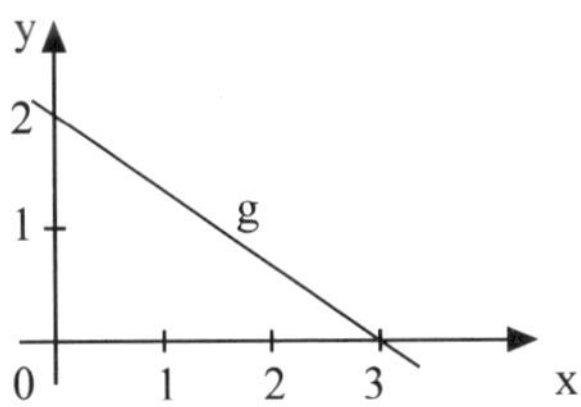


b)

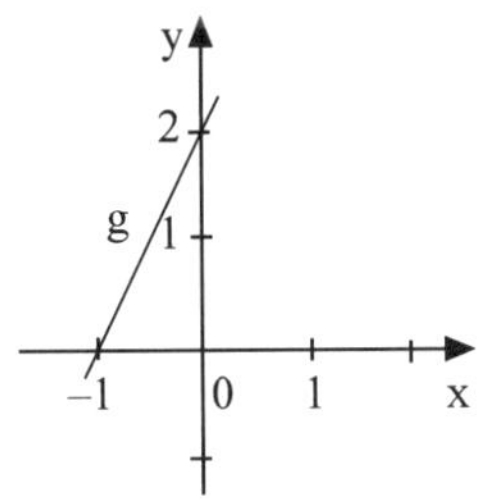


c)

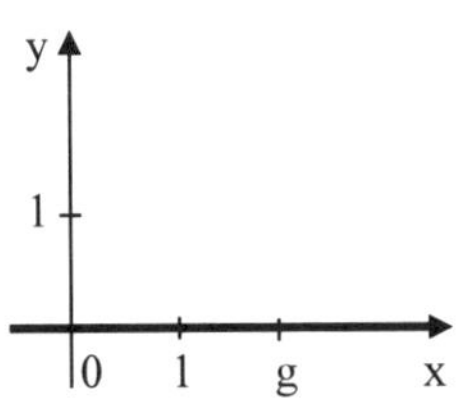


d)

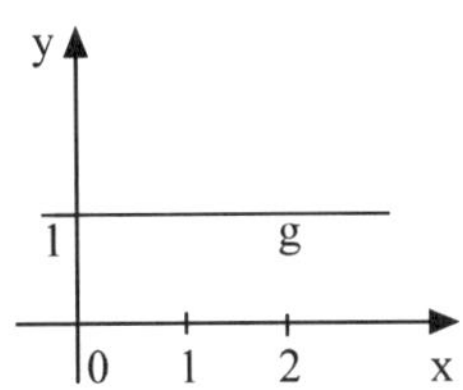


e)

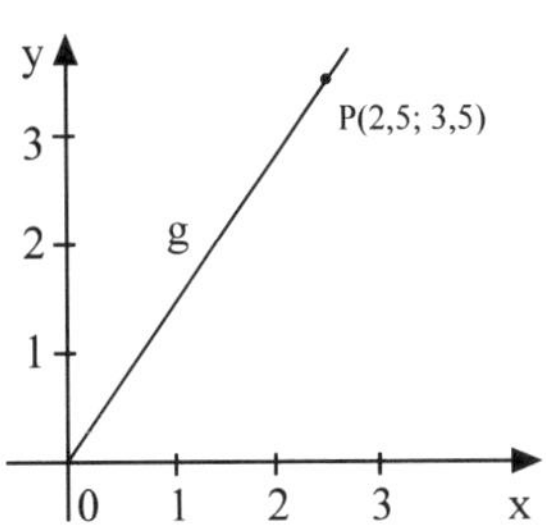


f)

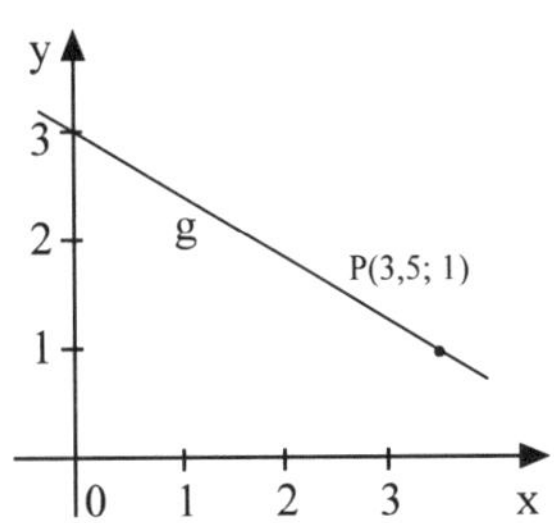

## 7.3 Anwendungen

Ist die Gleichung einer Geraden g bekannt, so läßt sich die Lage eines gegebenen Punktes bezüglich g untersuchen. Umgekehrt kann man aus gegebenen Eigenschaften einer Geraden auf ihre Gleichung schließen.

Beispiel:

Gegeben ist eine Gerade g durch

$$y = \frac{2}{5}x + 3.$$

1. Welche der Punkte A(5; 1), B(–20, –5) und C(–5; 2) liegen auf der Geraden g?
2. Bestimme die Funktionsgleichung einer Geraden h, die durch den Punkt P(10; 3) geht und zur Geraden g parallel ist.
3. Zeichne die Geraden g und h!

**Lösung:**

1. Man setzt die x-Koordinate des Punktes in die Funktionsgleichung ein und vergleicht den erhaltenen y-Wert mit der y-Koordinate des Punktes:

   A: $x = 5 \;\Rightarrow\; y = \frac{2}{5} \cdot 5 + 3 = 5 > 1$

   d. h. P(5; 5) liegt auf g, A(5; 1) unterhalb von g.

   B: $x = -20 \;\Rightarrow\; y = \frac{2}{5}(-20) + 3 = -5$

   d. h. B(–20; –5) liegt auf g.

   C: $x = -5 \;\Rightarrow\; y = \frac{2}{5}(-5) + 3 = 1 < 2$

   d. h. P(–5; 1) liegt auf g, C(–5; 2) oberhalb von g.

2. Die Geradengleichung von h hat die Form $y = mx + t$. Es sind deshalb die Zahlen m und t zu bestimmen.

   Wir bestimmen m:

   Da $g \parallel h$, stimmen die Steigungen überein: $m_h = m_g = \frac{2}{5}$.

   Wir bestimmen t:

   Wegen $m_h = \frac{2}{5}$ gilt für h: $y = \frac{2}{5}x + t$.

Da P(10; 3) ∈ h, müssen die Koordinaten von P die Funktions- bzw. Geradengleichung erfüllen:

$$\mathbf{3} = \frac{2}{5} \cdot \mathbf{10} + t$$

Aus dieser Gleichung bestimmt man t: $3 = 4 + t$; $t = -1$.

Aufstellen der gesuchten Geradengleichung von h:
Einsetzen von $m = \frac{2}{5}$ und $t = -1$ in $y = mx + t$ ergibt die Gleichung von h:

$$y = \frac{2}{5}x - 1.$$

3. Zeichnung:

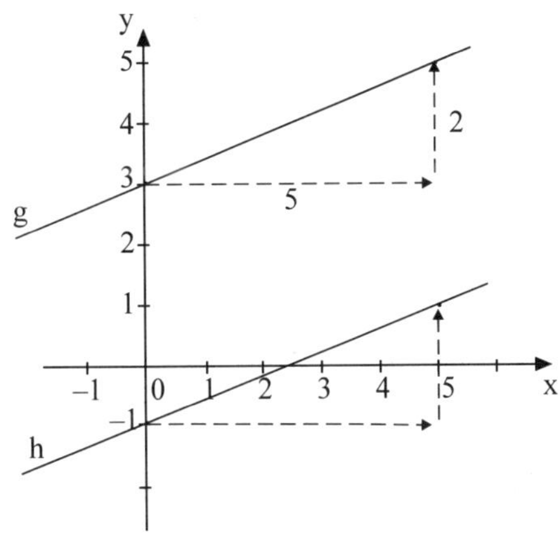


## Aufgaben

**41.** Untersuche die Lage des Punktes P bezüglich der Geraden g. Falls P ∉ g, ist eine Gleichung der Parallelen h zu g durch P aufzustellen. Zeichne die Gerade g und gegebenenfalls die Gerade h.

a) $y = 2x + 1$; P(3; 7) b) $y = -2x + 3$; P(−1; 5)

c) $y = -\frac{2}{3}x + 3$; P(6; 2) d) $y = \frac{4}{3}x - 2$; P(3; 0)

e) $y = 0{,}75x - 4$; P(64; 45) f) $y = 0{,}3x + 2$; P(−30; −9)

# 8 Lineare Gleichungssysteme

## 8.1 Gleichungen mit zwei Variablen

Jede Geradengleichung bzw. jede daraus umgeformte Gleichung kann aufgefaßt werden als eine **Gleichung mit** den **zwei Variablen** x und y. Eine **Lösung** dieser Gleichung wird deshalb durch ein **Zahlenpaar** beschrieben, das, in die Gleichung eingesetzt (für x die 1. Zahl, für y die 2. Zahl), eine wahre Aussage ergibt.

Beispiel:

Gegeben ist die Gleichung

$$y = \frac{3}{2}x + 1$$

Die Lösungsmenge dieser Gleichung besteht aus allen Zahlenpaaren (x; y), die diese Gleichung erfüllen. Eine mögliche Lösung ist z. B. (2; 4): Einsetzen von x := 2 und y := 4 ergibt mit $\mathbf{4} = \frac{3}{2} \cdot \mathbf{2} + 1$ eine wahre Aussage. Da man zu jedem $x \in \mathbb{Q}$ den zugehörigen y-Wert berechnen kann, enthält die Lösungsmenge L unendlich viele Lösungspaare. Die Lösungsmenge L der Gleichung $y = \frac{3}{2}x + 1$ ändert sich nicht, wenn man die Gleichung umformt:

$$\begin{aligned} y &= \frac{3}{2}x + 1 \quad && |\cdot 2 \\ 2y &= 3x + 2 && |-3x \\ -3x + 2y &= 2 \end{aligned}$$

In dieser Form wird eine Gleichung mit zwei Variablen gewöhnlich angegeben.

Betrachtet man **zwei** Gleichungen linearer Funktionen und fragt nach den Zahlenpaaren, die beide Gleichungen **gleichzeitig** erfüllen, so spricht man von einem **linearen Gleichungssystem** (LGS) mit den Variablen x und y. Zwischen beiden Gleichungen wird dabei das Zeichen $\wedge$ ("und") gesetzt.

Beispiel:

Gegeben ist das Gleichungssystem

$$\begin{cases} 2x + 3y = 8 \\ \wedge\ 3x + 4y = 11 \end{cases}$$

Die Lösungsmenge dieses linearen Gleichungssystems, kurz LGS genannt, besteht aus allen Lösungspaaren (x; y), die beide Gleichungen erfüllen. (4; 0) ist kein Lösungspaar des LGS: Einsetzen von x: = 4 und y: = 0 ergibt
mit $2 \cdot \mathbf{4} + 3 \cdot \mathbf{0} = 8$ zwar eine wahre Aussage,
mit $3 \cdot \mathbf{4} + 4 \cdot \mathbf{0} = 11$ aber eine falsche Aussage.
(1; 2) ist ein Lösungspaar des LGS, da man beim Einsetzen von x := 1 und y := 2 zwei wahre Aussagen erhält:
$2 \cdot \mathbf{1} + 3 \cdot \mathbf{2} = 8$ (w) und $3 \cdot \mathbf{1} + 4 \cdot \mathbf{2} = 11$ (w).

**Aufgaben**

**42.** Untersuche, ob folgende Zahlenpaare Lösungen der angegebenen Gleichung bzw. des Gleichungssystems sind.

a) (14; –43), (–7; 4): $y = -\frac{3}{7}x + 1$

b) (–3; 7), (32; –7): $2x + 5y = 29$

c) (1; 0), (3; 5): $\begin{cases} 3x + 4y = 3 \\ \wedge -4x + 5y = -4 \end{cases}$

d) (–12; 3), (–3; –3), (0; 0): $\begin{cases} -2x - 5y = 21 \\ \wedge\ x - y = 0 \end{cases}$

## 8.2 Das graphische Lösungsverfahren

Da ein Punkt P(x; y) nur dann auf einer Geraden g liegt, wenn seine Koordinaten die Geradengleichung von g erfüllen, entspricht jedem **Punkt** P(x; y) einer Geraden g genau ein **Lösungspaar** (x; y) der zugehörigen linearen Gleichung und umgekehrt. Dies nutzt man aus, um die Lösungsmenge eines linearen Gleichungssystems (LGS) zu bestimmen:
Die Lösungspaare, die beide linearen Gleichungen erfüllen, entsprechen den gemeinsamen Punkten der beiden zugehörigen Geraden. Haben beide Geraden einen **Schnittpunkt**, so beschreiben seine Koordinaten das gesuchte (einzige) **Lösungspaar**.

Beispiel:

Bestimme graphisch die Lösungsmenge des LGS:

$$\begin{cases} x + 2y = 1 \\ \wedge\ 3x - 4y = -7 \end{cases}$$

**Lösung:**
Beide Gleichungen werden als Gleichungen zweier Geraden $g_1$ und $g_2$ aufgefaßt:

*Schritt 1:* Wir bringen beide Gleichungen auf die Form y = mx + t

$$\begin{cases} x + 2y = 1 & \mid -x \\ \wedge\ 3x - 4y = -7 & \mid -3x \end{cases}$$

$$\begin{cases} 2y = -x + 1 & \mid :2 \\ \wedge\ -4y = -3x - 7 & \mid :(-4) \end{cases}$$

$$\begin{cases} y = -\frac{1}{2}x + \frac{1}{2} \\ \wedge\ y = \frac{3}{4}x + \frac{7}{4} \end{cases}$$

*Schritt 2:* Wir zeichnen die zugehörigen Geraden

$g_1$:

| x | −3 | 3 |
|---|---|---|
| y | 2 | −1 |

$g_2$:

| x | −3 | 1 |
|---|---|---|
| y | −0,5 | 2,5 |

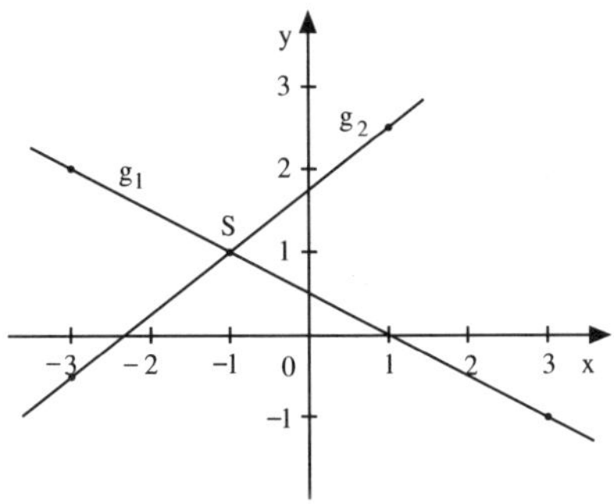


*Schritt 3:* Wir lesen die Koordinaten des Schnittpunkts S ab

$x_S = -1;\ y_S = 1 \Rightarrow S(-1;1) \Rightarrow L = \{(-1;1)\}$

## Aufgaben

**43.** Bestimme die Lösungsmenge des Gleichungssystems mit dem graphischen Lösungsverfahren!

a) $\begin{cases} 2x + y = 5 \\ \wedge\ x - 2y = 0 \end{cases}$

b) $\begin{cases} 2x - y = 0 \\ \wedge\ x + 2y = 0 \end{cases}$

c) $\begin{cases} 3x - 2y = -3 \\ \wedge -2x - 3y = 2 \end{cases}$

d) $\begin{cases} 4x + 5y = -3 \\ \wedge -4x + 3y = 5 \end{cases}$

## 8.3 Das Einsetzungsverfahren

Neben dem ungenauen graphischen Verfahren gibt es auch **rechnerische Verfahren** zur Bestimmung der Lösungsmenge eines linearen Gleichungssystems mit zwei Variablen (LGS). Ziel dieser Verfahren ist es, das System aus zwei Gleichungen mit zwei Variablen so umzuformen, daß eine der beiden Gleichungen nur noch eine Variable enthält, die sich dann anhand dieser Gleichung berechnen läßt. Ein mögliches Verfahren ist das **Einsetzungsverfahren**, das in dem folgenden Beispiel dargestellt wird.

Beispiel:

Berechne die Lösungen des LGS mit dem Einsetzungsverfahren:

$$\begin{cases} 2x - 3y = 1 \\ \wedge \quad x + 4y = 17 \end{cases}$$

**Lösung:**

*Schritt 1:* Wir lösen eine der beiden Gleichungen nach x oder y auf
Hier wird die einfachere 2. Gleichung nach x aufgelöst:

$$\begin{aligned} x + 4y &= 17 \qquad |-4y \\ x &= 17 - 4y \end{aligned}$$

Im LGS wird die 2. Gleichung durch diese umgeformte Gleichung ersetzt:

$$\begin{cases} 2x - 3y = 1 \\ \wedge \qquad x = 17 - 4y \end{cases}$$

*Schritt 2:* Wir setzen den erhaltenen Term in die andere Gleichung ein
In der 1. Gleichung wird x durch den Term 17 – 4y ersetzt (Klammern setzen!):

$$\begin{cases} 2x - 3y = 1 \\ \wedge \qquad x = 17 - 4y \end{cases}$$

$$\Rightarrow \; 2 \cdot (17 - 4y) - 3y = 1$$

*Schritt 3:* Wir lösen nach der darin enthaltenen Variablen auf

$$\begin{aligned} 34 - 8y - 3y &= 1 \\ 34 - 11y &= 1 \qquad |-34 \\ -11y &= -33 \qquad |:(-11) \\ y &= 3 \end{aligned}$$

Im LGS wird die 1. Gleichung ersetzt:

$$\begin{cases} y = 3 \\ \wedge\ x = 17 - 4y \end{cases}$$

*Schritt 4:* Wir berechnen die andere Variable durch Einsetzen
In der 2. Gleichung wird y durch 3 ersetzt und x berechnet:

$x = 17 - 4y$

$x = 17 - 4 \cdot 3$

$x = 5$

$$\Rightarrow \begin{cases} y = 3 \\ \wedge\ x = 5 \end{cases} \Rightarrow L = \{(\underset{\substack{\uparrow \\ x}}{5};\ \underset{\substack{\uparrow \\ y}}{3})\}$$

## Aufgaben

**44.** Löse mit dem Einsetzungsverfahren! Beginne mit der einfachsten Gleichung.

a) $\begin{cases} x + 5y = 13 \\ \wedge\ 7x + 3y = -5 \end{cases}$

b) $\begin{cases} x - 0{,}7y = 8 \\ \wedge\ 5x + 0{,}3y = 2 \end{cases}$

c) $\begin{cases} \frac{3}{2}x - 7y = 10 \\ \wedge -\frac{3}{7}x - y = 1 \end{cases}$

d) $\begin{cases} -6x + 7y = 6 \\ \wedge -x - \frac{7}{3}y = -1 \end{cases}$

## 8.4 Das Additionsverfahren

Ein weiteres rechnerisches Verfahren zur Lösung eines linearen Gleichungssystems mit zwei Variablen ist das **Additionsverfahren**:

Beispiel:

Bestimme die Lösungsmenge des LGS mit dem Additionsverfahren.

$$\begin{cases} 3x + 7y = 5 \\ \wedge\ 5x + 4y = -7 \end{cases}$$

**Lösung:**

*Schritt 1:* Wir multiplizieren beide Gleichungen so, daß vor x (oder vor y) gleiche Zahlen mit unterschiedlichen Vorzeichen stehen

Die 1. Gleichung wird deshalb mit 5, die 2. Gleichung mit –3 multipliziert:

$$\begin{cases} 3x + 7y = 5 & |\cdot 5 \\ \wedge\ 5x + 4y = -7 & |\cdot(-3) \end{cases} \Leftrightarrow \begin{cases} \mathbf{15}x + 35y = 25 \\ \wedge\ -\mathbf{15}x - 12y = 21 \end{cases}$$

*Schritt 2:* Wir addieren beide Gleichungen

Die getrennte Addition beider Seiten ergibt eine neue Gleichung:

$$\begin{array}{rcl} 15x + 35y & = & 25 \\ -15x - 12y & = & 21 \\ \hline 23y & = & 46 \end{array} \downarrow$$

Dabei rechnet man: $15x + (-15x) = 0$

$$35y + (-12y) = 23y$$

$$25 + 21 = 46$$

*Schritt 3:* Wir lösen die erhaltene Gleichung

$$23y = 46 \quad |:23$$

$$y = 2$$

Im LGS wird eine der beiden Gleichungen durch die Gleichung y = 2 ersetzt.

$$\begin{cases} 3x + 7y = 5 \\ \wedge\ \quad y = 2 \end{cases}$$

*Schritt 4:* Wir berechnen die andere Variable durch Einsetzen
In die 1. Gleichung wird y = 2 eingesetzt und nach x aufgelöst:

$$\begin{aligned} 3x + 7 \cdot 2 &= 5 \\ 3x + 14 &= 5 \quad &|-14 \\ 3x &= -9 \quad &|:3 \\ x &= -3 \end{aligned}$$

$$\Rightarrow \begin{cases} x = -3 \\ y = 2 \end{cases} \Rightarrow \quad L = \{(-3;\, 2)\}$$

## Aufgaben

**45.** Löse mit dem Additionsverfahren!

a) $\begin{cases} \phantom{\wedge}\ 2x + 3y = 5 \\ \wedge\ 7x + 8y = 15 \end{cases}$ b) $\begin{cases} \phantom{\wedge}\ -3x + 7y = 7 \\ \wedge\ 5x - 9y = -9 \end{cases}$

c) $\begin{cases} \phantom{\wedge}\ 6x + 7y = 1 \\ \wedge\ 9x + 13y = 4 \end{cases}$ d) $\begin{cases} \phantom{\wedge}\ 11x + 8y = 5 \\ \wedge\ 17x + 12y = 7 \end{cases}$

e) $\begin{cases} \phantom{\wedge}\ 0{,}3x - 0{,}7y = 2 \\ \wedge\ 0{,}2x - 0{,}3y = 1 \end{cases}$ f) $\begin{cases} \phantom{\wedge}\ -0{,}7x + 0{,}3y = -3 \\ \wedge\ 0{,}5x - 0{,}5y = 3 \end{cases}$

## 8.5 Textaufgaben

Nachdem nun bekannt ist, wie sich ein lineares Gleichungssystem mit zwei Variablen lösen läßt, können auch schwierigere Textaufgaben (mit zwei Unbekannten) gelöst werden. Dabei geht man in ähnlicher Weise vor wie bei Textaufgaben, die nur eine Unbekannte enthalten.

**Textaufgaben mit zwei Unbekannten** löst man, indem man

1. beide Unbekannte festlegt,
2. alle anderen im Text genannten Größen durch diese beiden Unbekannten ausdrückt,
3. **zwei** Gleichungen aufstellt,
4. dieses Gleichungssystem löst,
5. eine Antwort gibt,
6. die Lösung anhand des Textes überprüft.

Beispiel:

Das 6fache einer Zahl und das 5fache einer 2. Zahl ergeben zusammen 1, während das 3fache der 2. Zahl um 116 kleiner ist als das 7fache der 1. Zahl. Wie heißen die beiden Zahlen?

**Lösung:**

*Schritt 1:* Festlegung der Unbekannten
Die 1. Zahl sei x, die 2. Zahl y.

*Schritt 2:* Ausdrücken von Größen im Text
Diese Überlegung kann meistens im Kopf durchgeführt werden.
das 6fache der 1. Zahl: $6x$
das 5fache der 2. Zahl: $5y$
das 7fache der 1. Zahl: $7x$
das 3fache der 2. Zahl: $3y$

*Schritt 3:* Aufstellen der Gleichungen
$6x + 5y = 1$
$3y = 7x - 116$ (oder: $3y + 116 = 7x$)
*Beachte:* 3y soll kleiner sein als 7x.

*Schritt 4:* Lösen des Gleichungssystems
Um das Rechnen mit Brüchen zu vermeiden, wird das Additionsverfahren gewählt. Dazu muß die 2. Gleichung geordnet werden:
$3y = 7x - 116 \quad \Leftrightarrow \quad -7x + 3y = -116$
Man erhält folgendes LGS, dessen Gleichungen geeignet multipliziert werden:

$$\begin{cases} 6x + 5y = 1 & \mid \cdot 3 \\ \wedge\ -7x + 3y = -116 & \mid (-5) \end{cases}$$

ebenso gut hätte man auch die 1. Gleichung mit 7 und die 2. Gleichung mit 6 multiplizieren können.

$$\begin{array}{rrcl} & 18x + 15y & = & 3 \\ \wedge & 35x - 15y & = & 580 \\ \hline & 53x & = & 583 \quad \mid : 53 \\ & x & = & 11 \end{array}$$

getrennt addieren!

x = 11 in die 1. Gleichung eingesetzt ergibt:

$$\begin{aligned} 6 \cdot 11 + 5y &= 1 \\ 66 + 5y &= 1 \quad \mid -66 \\ 5y &= -65 \quad \mid :5 \\ y &= -13 \end{aligned}$$

*Schritt 5:* Antwort
Die 1. Zahl heißt 11, die 2. Zahl –13.

*Schritt 6:* Probe
$6 \cdot \mathbf{11} + 5(\mathbf{-13}) = 66 - 65 = 1$ (w)
$3 \cdot (\mathbf{-13}) = -39$
$7 \cdot \mathbf{11} - 116 = 77 - 116 = -39$ (w)

## Aufgaben

**46.** Löse folgende Textaufgaben mit Hilfe eines LGS mit zwei Variablen.

a) Die Summe aus dem 4fachen einer Zahl und dem 5fachen einer 2. Zahl ist 43 und damit ebenso groß wie die Differenz aus dem 3fachen der 1. Zahl und dem 7fachen der 2. Zahl. Wie heißen die beiden Zahlen?

b) Drei kleine und sieben große Hefte kosten zusammen 11 €. Vier große Hefte kosten 1,25 € mehr als fünf kleine Hefte. Was kostet ein kleines bzw. ein großes Heft? (Rechne ohne Einheit in €!)

c) Vor fünf Jahren war ein Großvater siebenmal so alt wie sein Enkel damals war. In 13 Jahren wird der Großvater nur noch dreimal so alt sein wie der Enkel sein wird. Wie alt sind beide jetzt?

d) Addiert man den 6. Teil einer Zahl zum 4. Teil einer zweiten Zahl, so erhält man 11. Subtrahiert man den 3. Teil der ersten Zahl vom 3fachen der zweiten, so erhält man 20. Wie heißen die beiden Zahlen?

e) Für welche zweiziffrige Zahl gilt folgendes? Sie ist 4mal so groß wie ihre Quersumme und wird um 36 größer, wenn man ihre Ziffern vertauscht.
*Hinweis:* Ist y die Zehner- und x die Einerziffer, so hat die zugehörige Zahl den Wert $10y + x$.

f) Ein Topf kostet mit Deckel 11 €. Der Topf allein kostet 10 € mehr als der Deckel. Was kosten jeweils Topf und Deckel? Kannst du die Aufgabe auch im Kopf lösen?

# Lösungen

Beim Aufgabenlösen wie beim erfolgreichen Weg durchs Labyrinth kommt es darauf an, Wege von Irrwegen zu unterscheiden, auch dann nicht aufzugeben, wenn das scheinbar nahe Ziel unversehens in die Ferne rückt, den Faden nicht zu verlieren und unverdrossen zu suchen und entdecken.

*Beachte:* Die angegebenen Lösungsterme sind vollständig gekürzt. Eine evtl. "weitere Vereinfachung" ist somit fehlerhaft.

**1.** a) $\frac{6}{9}=\frac{2\cdot\mathbf{3}}{3\cdot\mathbf{3}}=\frac{2}{3}$ 3 ist gemeinsamer Faktor.

b) $\frac{3+4}{9}=\frac{3+4}{3\cdot 3}$ 3 ist nicht gemeinsamer Faktor von Zähler und Nenner.

c) $\frac{45}{36}=\frac{5\cdot 3\cdot 3}{2\cdot 2\cdot 3\cdot 3}=\frac{5\cdot\mathbf{9}}{4\cdot\mathbf{9}}=\frac{5}{4}$ 9 ist gemeinsamer Faktor.

d) $\frac{104\cdot 56}{49\cdot 39}=\frac{\mathbf{13}\cdot 8\cdot\mathbf{7}\cdot 8}{\mathbf{7}\cdot 7\cdot 3\cdot\mathbf{13}}=\frac{8\cdot 8}{7\cdot 3}=\frac{64}{21}$

**2.** a) $\frac{3}{3+a}$

Der Nenner stellt kein Produkt dar, sondern eine Summe. 3 ist kein gemeinsamer Faktor. Kürzen ist nicht möglich.

b) $\frac{3}{3a}=\frac{\mathbf{3}\cdot 1}{\mathbf{3}\cdot a}=\frac{1}{a}$

3 ist gemeinsamer Faktor von Zähler und Nenner.

c) $\frac{5x+15}{5x}=\frac{\mathbf{5}\cdot(x+3)}{\mathbf{5}\cdot x}=\frac{x+3}{x}$ 5 ist gemeinsamer Faktor.

d) $\frac{12x}{16x+20}=\frac{3\cdot 4\cdot x}{4(4x+5)}=\frac{\mathbf{4}\cdot 3x}{\mathbf{4}\cdot(4x+5)}=\frac{3x}{4x+5}$ 4 ist gemeinsamer Faktor.

e) $\frac{18a+3b}{15a+3b}=\frac{\mathbf{3}\cdot(6a+b)}{\mathbf{3}\cdot(5a+b)}=\frac{6a+b}{5a+b}$ 3 ist gemeinsmer Faktor.

f) $\frac{15x-25y}{5x-9y}=\frac{5(3x-5y)}{5x-9y}=\frac{5(3x-5y)}{5x-9y}$

Der Nenner läßt sich nicht in ein Produkt zerlegen. 5 ist deshalb kein gemeinsamer Faktor.

*Beachte:* $5x-9y$ ist eine Differenz, deren Glieder aus Produkten besteht.

g) $\frac{a^2 - ab}{a^2} = \frac{\mathbf{a} \cdot (a - b)}{\mathbf{a} \cdot a} = \frac{a - b}{a}$

h) $\frac{2a^3 + a^2}{3a^3 - 4a^4} = \frac{a^2(2a + 1)}{a^3(3 - 4a)} = \frac{\mathbf{a^2} \cdot (2a + 1)}{\mathbf{a^2} \cdot a(3 - 4a)} = \frac{2a + 1}{a(3 - 4a)}$

i) $\frac{x^3 y - xy^4}{2xy + 2x^2 y} = \frac{\mathbf{xy} \cdot (x^2 - y^3)}{2\mathbf{xy} \cdot (1 + x)} = \frac{x^2 - y^3}{2(1 + x)}$

j) $\frac{a^2 b + 3a^3 b^2}{4a^4 b^4 - 2a^2 b} = \frac{\mathbf{a^2 b} \cdot (1 + 3ab)}{2 \cdot \mathbf{a^2 b} \cdot (2a^2 b^3 - 1)} = \frac{1 + 3ab}{2(2a^2 b^3 - 1)}$

**3.** a) $\frac{4a + 4b}{3a + 3b} = \frac{4(\mathbf{a + b})}{3(\mathbf{a + b})} = \frac{4}{3}$ Die Summe (a + b) ist gemeinsamer Faktor.

b) $\frac{22a + 11b}{14a + 7b} = \frac{11 \cdot (\mathbf{2a + b})}{7 \cdot (\mathbf{2a + b})} = \frac{11}{7}$

c) $\frac{2a + 4b - 6c}{3a + 6b - 9c} = \frac{2 \cdot (\mathbf{a + 2b - 3c})}{3 \cdot (\mathbf{a + 2b - 3c})} = \frac{2}{3}$

d) $\frac{2a^2 + 5ab + ac}{2ab + 5b^2 + bc} = \frac{a \cdot (\mathbf{2a + 5b + c})}{b \cdot (\mathbf{2a + 5b + c})} = \frac{a}{b}$

**4.** a) $\frac{x^2 + 2xy + y^2}{x + y} = \frac{(x + y)^2}{x + y} = \frac{(x + y) \cdot (\mathbf{x + y})}{1 \cdot (\mathbf{x + y})} = \frac{x + y}{1} = x + y$

b) $\frac{4x^2 - 4xy + y^2}{4x^2 - y^2} = \frac{(2x - y)^2}{(2x + y)(2x - y)} = \frac{(2x - y) \cdot (\mathbf{2x - y})}{(2x + y) \cdot (\mathbf{2x - y})} = \frac{2x - y}{2x + y}$

c) $\frac{25a^2 + 30ab + 9b^2}{25a^2 - 9b^2} = \frac{(5a + 3b)^2}{(5a + 3b)(5a - 3b)}$

$= \frac{(\mathbf{5a + 3b}) \cdot (5a + 3b)}{(\mathbf{5a + 3b}) \cdot (5a - 3b)} = \frac{5a + 3b}{5a - 3b}$

d) $\frac{a^2 - 10ab + 100b^2}{2a + 20b} = \frac{a^2 - 10ab + 100b^2}{2(a + 10b)}$

Der Zähler stellt keine binomische Formel dar, denn $(a - 10b)^2 = a^2 - 20ab + 100b^2$.

Es gibt **keinen** gemeinsamen Faktor!

**5.** a) $\frac{36a + 24b}{8b + 12a} = \frac{12(3a + 2b)}{4(2b + 3a)} = \frac{3 \cdot \mathbf{4} \cdot \mathbf{(3a + 2b)}}{1 \cdot \mathbf{4} \cdot \mathbf{(3a + 2b)}} = 3$

b) $\frac{12x + 15y}{30y + 24x} = \frac{3(4x + 5y)}{6(5y + 4x)} = \frac{1 \cdot \mathbf{3} \cdot \mathbf{(4x + 5y)}}{2 \cdot \mathbf{3} \cdot \mathbf{(4x + 5y)}} = \frac{1}{2}$

c) $\frac{5a + 10b + 15c}{6b + 3a + 9c} = \frac{5(a + 2b + 3c)}{3(2b + a + 3c)} = \frac{5 \cdot \mathbf{(a + 2b + 3c)}}{3 \cdot \mathbf{(a + 2b + 3c)}} = \frac{5}{3}$

d) $\frac{4x^2 + 4xy + y^2}{y^2 - 4x^2} = \frac{(2x + y)^2}{(y + 2x)(y - 2x)} = \frac{(y + 2x)^2}{(y + 2x)(y - 2x)}$

$= \frac{\mathbf{(y + 2x)} \cdot (y + 2x)}{\mathbf{(y + 2x)} \cdot (y - 2x)} = \frac{y + 2x}{y - 2x}$

**6.** a) $\frac{x - y}{4y - 4x} = \frac{x - y}{4(y - x)} = \frac{(-1)(-x + y)}{4(y - x)} = \frac{(-1) \cdot \mathbf{(y - x)}}{4 \cdot \mathbf{(y - x)}} = \frac{-1}{4} = -\frac{1}{4}$

b) $\frac{2a - 2b}{3b - 3a} = \frac{2(a - b)}{3(b - a)} = \frac{-2(-a + b)}{3(b - a)} = \frac{-2 \cdot \mathbf{(b - a)}}{3 \cdot \mathbf{(b - a)}} = \frac{-2}{3} = -\frac{2}{3}$

c) $\frac{14a - 21b}{15b + 10a} = \frac{7(2a - 3b)}{5(3b + 2a)}$ kein gemeinsamer Faktor

d) $\frac{4{,}8y - 1{,}2x}{0{,}6x - 2{,}4y} = \frac{48y - 12x}{6x - 24y} = \frac{12(4y - x)}{6(x - 4y)} = \frac{-2 \cdot \mathbf{6(x - 4y)}}{1 \cdot \mathbf{6(x - 4y)}} = \frac{-2}{1} = -2$

e) $\frac{2a^3 - 6a^2b - 3a^2c}{3bc + 6b^2 - 2ab} = \frac{a^2(2a - 6b - 3c)}{b(3c + 6b - 2a)} = \frac{-a^2 \cdot \mathbf{(3c + 6b - 2a)}}{b \cdot \mathbf{(3c + 6b - 2a)}}$

$= -\frac{a^2}{b}$

f) $$\frac{25x^2-10xy+y^2}{y^2-25x^2}=\frac{(5x-y)^2}{(y-5x)(y+5x)}=\frac{(y-5x)^2}{(y-5x)(y+5x)}$$
$$=\frac{\mathbf{(y-5x)}\cdot(y-5x)}{\mathbf{(y-5x)}\cdot(y+5x)}=\frac{y-5x}{y+5x}$$

**7.** a) $$\frac{xy+xz+ay+az}{7x+7a}=\frac{x(y+z)+a(y+z)}{7(x+a)}=\frac{\mathbf{(x+a)}\cdot(y+z)}{7\cdot\mathbf{(x+a)}}=\frac{y+z}{7}$$

b) $$\frac{x^2+2xy+y^2}{xz+yz+vx+vy}=\frac{(x+y)^2}{z(x+y)+v(x+y)}=\frac{(x+y)^2}{(x+y)(z+v)}$$
$$=\frac{\mathbf{(x+y)}\cdot(x+y)}{\mathbf{(x+y)}\cdot(z+v)}=\frac{x+y}{z+v}$$

c) $$\frac{cu+bc+eu+be}{u^2-b^2}=\frac{c(u+b)+e(u+b)}{(u-b)(u+b)}=\frac{\mathbf{(u+b)}\cdot(c+e)}{\mathbf{(u+b)}\cdot(u-b)}=\frac{c+e}{u-b}$$

d) $$\frac{ac-ad+bc-bd}{ac-ad-bc+bd}=\frac{a(c-d)+b(c-d)}{a(c-d)+b(-c+d)}=\frac{a(c-d)+b(c-d)}{a(c-d)-b(c-d)}$$
$$=\frac{\mathbf{(c-d)}\cdot(a+b)}{\mathbf{(c-d)}\cdot(a-b)}=\frac{a+b}{a-b}$$

e) $$\frac{6ax-3xz+2ay-yz}{3ax-6xz+ay-2yz}=\frac{3x(2a-z)+y(2a-z)}{3x(a-2z)+y(a-2z)}$$
$$=\frac{(2a-z)\cdot\mathbf{(3x+y)}}{(a-2z)\cdot\mathbf{(3x+y)}}=\frac{2a-z}{a-2z}$$

Hier kann man **nichts** mehr kürzen!

f) $$\frac{x^2+ax+bx+ab}{x^2+ax-bx-ab}=\frac{x(x+a)+b(x+a)}{x(x+a)-b(x+a)}=\frac{\mathbf{(x+a)}\cdot(x+b)}{\mathbf{(x+a)}\cdot(x-b)}$$
$$=\frac{x+b}{x-b}$$

**8.** a) $$\frac{x^2+3x+2}{x^2+4x+3}=\frac{\mathbf{(x+1)}\cdot(x+2)}{\mathbf{(x+1)}\cdot(x+3)}=\frac{x+2}{x+3}$$

b) $\dfrac{x^2+6x+8}{x^2+7x+12}=\dfrac{\mathbf{(x+4)}\cdot(x+2)}{\mathbf{(x+4)}\cdot(x+3)}=\dfrac{x+2}{x+3}$

c) $\dfrac{x^2+8x+15}{x^2+9x+20}=\dfrac{\mathbf{(x+5)}\cdot(x+3)}{\mathbf{(x+5)}\cdot(x+4)}=\dfrac{x+3}{x+4}$

d) $\dfrac{x^2+9x+18}{x^2+10x+21}=\dfrac{\mathbf{(x+3)}\cdot(x+6)}{\mathbf{(x+3)}\cdot(x+7)}=\dfrac{x+6}{x+7}$

**9.** a) $\dfrac{x^2-4x+3}{x^2-5x+4}=\dfrac{\mathbf{(x-1)}\cdot(x-3)}{\mathbf{(x-1)}\cdot(x-4)}=\dfrac{x-3}{x-4}$

b) $\dfrac{x^2-7x+10}{x^2-6x+8}=\dfrac{\mathbf{(x-2)}\cdot(x-5)}{\mathbf{(x-2)}\cdot(x-4)}=\dfrac{x-5}{x-4}$

c) $\dfrac{x^2-9x+14}{x^2-10x+21}=\dfrac{\mathbf{(x-7)}\cdot(x-2)}{\mathbf{(x-7)}\cdot(x-3)}=\dfrac{x-2}{x-3}$

d) $\dfrac{x^2+10x+9}{x^2+12x+27}=\dfrac{\mathbf{(x+9)}\cdot(x+1)}{\mathbf{(x+9)}\cdot(x+3)}=\dfrac{x+1}{x+3}$

**10.** a) $\dfrac{x^2+x-2}{x^2-x-6}=\dfrac{\mathbf{(x+2)}\cdot(x-1)}{\mathbf{(x+2)}\cdot(x-3)}=\dfrac{x-1}{x-3}$

b) $\dfrac{x^2+2x-3}{x^2-x-12}=\dfrac{\mathbf{(x+3)}\cdot(x-1)}{\mathbf{(x+3)}\cdot(x-4)}=\dfrac{x-1}{x-4}$

c) $\dfrac{x^2+2x-8}{x^2+x-6}=\dfrac{(x+4)\cdot\mathbf{(x-2)}}{(x+3)\cdot\mathbf{(x-2)}}=\dfrac{x+4}{x+3}$

d) $\dfrac{x^2+3x-4}{x^2+x-12}=\dfrac{\mathbf{(x+4)}\cdot(x-1)}{\mathbf{(x+4)}\cdot(x-3)}=\dfrac{x-1}{x-3}$

e) $\dfrac{x^2-8x-9}{x^2+6x+5}=\dfrac{(x-9)\cdot\mathbf{(x+1)}}{(x+5)\cdot\mathbf{(x+1)}}=\dfrac{x-9}{x+5}$

f) $\frac{x^2-12x+20}{x^2+3x-10} = \frac{(x-10)\cdot\mathbf{(x-2)}}{(x+5)\cdot\mathbf{(x-2)}} = \frac{x-10}{x+5}$

**11.** a) $\frac{2a^5-3a^4-a^3}{4a^3-a^2+5a^4} = \frac{a^3(2a^2-3a-1)}{a^2(4a-1+5a^2)} = \frac{a(2a^2-3a-1)}{4a-1+5a^2}$

b) $\frac{x^2y-4xy}{5x^2y+4xy^2} = \frac{\mathbf{xy}\cdot(x-4)}{\mathbf{xy}\cdot(5x+4y)} = \frac{x-4}{5x+4y}$

c) $\frac{a^4b-2a^2b^2}{2a^2b^2-ab^4} = \frac{a^2b(a^2-2b)}{ab^2(2a-b^2)} = \frac{a(a^2-2b)}{b(2a-b^2)}$

d) $\frac{24x^4-6x^2y^3+6x^2}{3x+12x^3-3xy^3} = \frac{6x^2(4x^2-y^3+1)}{3x(1+4x^2-y^3)} = \frac{6x^2(4x^2-y^3+1)}{3x(4x^2-y^3+1)}$

$= \frac{2x\cdot 3x(4x^2-y^3+1)}{1\cdot 3x(4x^2-y^3+1)} = 2x$

e) $\frac{18u^2v-24uv^2}{12uv-9u^2} = \frac{6uv(3u-4v)}{3u(4v-3u)} = \frac{(-1)\cdot 2\cdot 3uv(4v-3u)}{3u(4v-3u)} = -2v$

f) $\frac{8ab^3-104a^3b}{169a^4b-13a^2b^3} = \frac{8ab(b^2-13a^2)}{13a^2b(13a^2-b^2)} = \frac{-8ab(13a^2-b^2)}{13a^2b(13a^2-b^2)}$

$= \frac{-8}{13a} = -\frac{8}{13a}$

**12.** a) $\frac{m^2-n^2}{m^2+2mn+n^2} = \frac{(m-n)(m+n)}{(m+n)^2} = \frac{m-n}{m+n}$

b) $\frac{9a^2-12ab+4b^2}{9a^2-4b^2} = \frac{(3a-2b)^2}{(3a+2b)(3a-2b)} = \frac{3a-2b}{3a+2b}$

c) $\frac{7m^2-6mn}{49m^2-42mn+36n^2} = \frac{m(7m-6n)}{49m^2-42mn+36n^2}$

Der Nenner ist keine Formel: $(7m-6n)^2 = 49m^2 - \mathbf{84mn} + 36n^2$

d) $$\frac{24xy+16x^2+9y^2}{3xy+4x^2}=\frac{16x^2+24xy+9y^2}{4x^2+3xy}=\frac{(4x+3y)^2}{x(4x+3y)}=\frac{4x+3y}{x}$$

e) $$\frac{\frac{1}{4}m^2-\frac{1}{9}n^2}{\frac{1}{9}n^2+\frac{1}{3}nm+\frac{1}{4}m^2}=\frac{\frac{1}{4}m^2-\frac{1}{9}n^2}{\left(\frac{1}{3}n+\frac{1}{2}m\right)^2}=\frac{\left(\frac{1}{2}m+\frac{1}{3}n\right)\left(\frac{1}{2}m-\frac{1}{3}n\right)}{\left(\frac{1}{2}m+\frac{1}{3}n\right)^2}$$
$$=\frac{\frac{1}{2}m-\frac{1}{3}n}{\frac{1}{2}m+\frac{1}{3}n}$$

f) $$\frac{\frac{1}{16}a^2-\frac{1}{10}ab+\frac{1}{25}b^2}{\frac{1}{25}b^2-\frac{1}{16}a^2}=\frac{\left(\frac{1}{4}a-\frac{1}{5}b\right)^2}{\left(\frac{1}{5}b+\frac{1}{4}a\right)\left(\frac{1}{5}b-\frac{1}{4}a\right)}$$
$$=\frac{\left(\frac{1}{5}b-\frac{1}{4}a\right)^2}{\left(\frac{1}{5}b+\frac{1}{4}a\right)\left(\frac{1}{5}b-\frac{1}{4}a\right)}=\frac{\frac{1}{5}b-\frac{1}{4}a}{\frac{1}{5}b+\frac{1}{4}a}$$

g) $$\frac{2u^4-7u^3v}{49v^2+4u^2-28uv}=\frac{u^3(2u-7v)}{(7v-2u)^2}=\frac{u^3(2u-7v)}{(2u-7v)^2}=\frac{u^3}{2u-7v}$$

h) $$\frac{x^2-xy}{x^3-2x^2y+xy^2}=\frac{x(x-y)}{x(x^2-2xy+y^2)}=\frac{x(x-y)}{x(x-y)^2}=\frac{1}{x-y}$$

i) $$\frac{m^3-3m^2n}{m^3-6m^2n+9mn^2}=\frac{m^2(m-3n)}{m(m^2-6mn+9n^2)}=\frac{m^2(m-3n)}{m(m-3n)^2}$$
$$=\frac{m}{m-3n}$$

j) $$\frac{p^4-p^2}{p^3+2p^2+p}=\frac{p^2(p^2-1)}{p(p^2+2p+1)}=\frac{p^2(p+1)(p-1)}{p(p+1)^2}=\frac{p(p-1)}{p+1}$$

k) $$\frac{18a^3-2ab^2}{4b^2-12ab}=\frac{2a(9a^2-b^2)}{4b(b-3a)}=\frac{2a(3a-b)(3a+b)}{4b(b-3a)}$$
$$=\frac{-2a(b-3a)(3a+b)}{4b(b-3a)}=\frac{-a(3a+b)}{2b}=-\frac{a(3a+b)}{2b}$$

l) $$\frac{8p^3q-2pq^3}{pq^2+2p^2q}=\frac{2pq(4p^2-q^2)}{pq(q+2p)}=\frac{2pq(2p+q)(2p-q)}{pq(2p+q)}$$
$$=2(2p-q)$$

m) $$\frac{25m^2n^2-5mn^3}{m^3n-25mn^3}=\frac{5mn^2(5m-n)}{mn(m^2-25n^2)}=\frac{5mn^2(5m-n)}{mn(m+5n)(m-5n)}$$
$$=\frac{5n(5m-n)}{(m+5n)(m-5n)}$$

n) $$\frac{5u^3-u^2}{u-25u^3}=\frac{u^2(5u-1)}{u(1-25u^2)}=\frac{u^2(5u-1)}{u(1-5u)(1+5u)}$$
$$=\frac{-u^2(1-5u)}{u(1-5u)(1+5u)}=\frac{-u}{1+5u}=-\frac{u}{1+5u}$$

**13.** a) $$\frac{2ax+2ay+bx+by}{2a+b}=\frac{2a(x+y)+b(x+y)}{2a+b}=\frac{(x+y)(2a+b)}{2a+b}=x+y$$

b) $$\frac{4x-10y+6ax-15ay}{4x^2-20xy+25y^2}=\frac{2(2x-5y)+3a(2x-5y)}{(2x-5y)^2}$$
$$=\frac{(2x-5y)(2+3a)}{(2x-5y)^2}=\frac{2+3a}{2x-5y}$$

c) $$\frac{a^3-a^4-1+a}{1-a^3}=\frac{a^3(1-a)-1(1-a)}{1-a^3}=\frac{(1-a)(a^3-1)}{1-a^3}$$
$$=\frac{-(1-a)(1-a^3)}{1-a^3}=\frac{-(1-a)}{1}=-(1-a)=-1+a=a-1$$

d) $$\frac{c^4-1}{c^3+c^2+c+1}=\frac{(c^2+1)(c^2-1)}{c^2(c+1)+1(c+1)}=\frac{(c^2+1)(c^2-1)}{(c+1)(c^2+1)}=\frac{c^2-1}{c+1}$$
$$=\frac{(c+1)(c-1)}{c+1}=c-1$$

e) $$\frac{a^5-a}{a-1+a^3-a^2}=\frac{a(a^4-1)}{1(a-1)+a^2(a-1)}=\frac{a(a^2+1)(a^2-1)}{(a-1)(1+a^2)}$$
$$=\frac{a(a^2+1)(a+1)(a-1)}{(a-1)(a^2+1)}=a(a+1)$$

f) $$\frac{b-a^4b}{a^3-a^2+a-1}=\frac{b(1-a^4)}{a^2(a-1)+1(a+1)}=\frac{b(1+a^2)(1-a^2)}{(a-1)(a^2+1)}$$
$$=\frac{b(1+a^2)(1+a)(1-a)}{(a-1)(1+a^2)}=\frac{-b(1+a^2)(1+a)(a-1)}{(a-1)(1+a^2)}$$
$$=-b(1+a)$$

**14**. a) $$\frac{a^2+2ab+b^2-c^2}{a+b+c}=\frac{(a+b)^2-c^2}{a+b+c}=\frac{[(a+b)-c][(a+b)+c]}{a+b+c}$$
$$=\frac{(a+b-c)(a+b+c)}{a+b+c}=a+b-c$$

b) $$\frac{a^2+2ab+b^2-c^2}{c-a-b}=\frac{(a+b)^2-c^2}{c-a-b}=\frac{[(a+b)-c][(a+b)+c]}{c-a-b}$$
$$=\frac{(a+b-c)(a+b+c)}{(-1)(-c+a+b)}=\frac{(a+b-c)(a+b+c)}{-(a+b-c)}$$
$$=-(a+b+c)=-a-b-c$$

c) $$\frac{a^2-4b^2+4bc-c^2}{2b-c-a}=\frac{a^2-(4b^2-4bc+c^2)}{2b-c-a}=\frac{a^2-(2b-c)^2}{2b-c-a}$$
$$=\frac{[a-(2b-c)][a+(2b-c)]}{2b-c-a}$$
$$=\frac{(a-2b+c)(a+2b-c)}{2b-c-a}$$
$$=\frac{-(-a+2b-c)(a+2b-c)}{-a+2b-c}=-(a+2b-c)$$
$$=-a-2b+c=c-a-2b$$

d) $$\frac{x^2+y^2+2xy-z^2}{2z-2y-2x}=\frac{(x^2+2xy+y^2)-z^2}{2(z-y+x)}=\frac{(x+y)^2-z^2}{2(z-y-x)}$$
$$=\frac{[(x+y)-z][(x+y)+z]}{2(z-y-x)}=\frac{(x+y-z)(x+y+z)}{2(z-y-x)}$$
$$=\frac{-(-x-y+z)(x+y+z)}{2(-x-y+z)}=-\frac{1}{2}(x+y+z)$$

**15.** a) $$\frac{3z^2+15z-18}{9-9z^2}=\frac{3(z^2+5z-6)}{9(1-z^2)}=\frac{3(z-1)(z+6)}{9(1-z)(1+z)}$$
$$=\frac{-3(1-z)(z+6)}{9(1-z)(1+z)}=\frac{-(z+6)}{3(1+z)}=-\frac{z+6}{3(1+z)}$$

b) $$\frac{a^3-3a^2-10a}{25a-10a^2+a^3}=\frac{a(a^2-3a-10)}{a(25-10a+a^2)}=\frac{a(a-5)(a+2)}{a(5-a)^2}$$
$$=\frac{a(a-5)(a+2)}{a(a-5)^2}=\frac{a+2}{a-5}$$

c) $$\frac{400y^2-40y^3+y^4}{y^3-18y^2-40y}=\frac{y^2(400-40y+y^2)}{y(y^2-18y-40)}=\frac{y^2(20-y)^2}{y(y-20)(y+2)}$$
$$=\frac{y^2(y-20)^2}{y(y-20)(y+2)}=\frac{y(y-20)}{y+2}$$

**16.** a) $$\frac{5}{18}-\frac{1}{6}-\frac{11}{24}+\frac{2}{9}$$

$18=2\cdot 3^2$ $\quad 6=2\cdot 3$

$24=2^3\cdot 3$ $\quad 9=3^2$ $\quad$ **HN = $\mathbf{2^3\cdot 3^2}$** $=72$

$$\frac{5}{18}-\frac{1}{6}-\frac{11}{24}+\frac{2}{9}=\frac{5\cdot 4}{72}-\frac{1\cdot 12}{72}-\frac{11\cdot 3}{72}+\frac{2\cdot 8}{72}$$
$$=\frac{20-12-33+16}{72}=\frac{-9}{72}=-\frac{1}{8}$$

b) $$\frac{1}{6}-\frac{11}{15}+\frac{17}{20}-\frac{13}{12}$$

$6=2\cdot 3$ $\quad 15=3\cdot 5$

$20=2^2\cdot 5$ $\quad 12=2^2\cdot 3$ $\quad$ **HN = $\mathbf{2^2\cdot 3\cdot 5=60}$**

$$\frac{1}{6}-\frac{11}{15}+\frac{17}{20}-\frac{13}{12}=\frac{1\cdot 10}{60}-\frac{11\cdot 4}{60}+\frac{17\cdot 3}{60}-\frac{13\cdot 5}{60}=$$
$$=\frac{10-44+51-65}{60}=\frac{-48}{60}=-\frac{12\cdot 4}{12\cdot 5}=-\frac{4}{5}$$

c) $\frac{7}{18}-\frac{5}{21}+\frac{8}{63}+\frac{1}{6}$

$18 = 2\cdot 3^2$ $\quad 21 = 3\cdot 7$

$63 = 3^2\cdot 7$ $\quad 6 = 2\cdot 3$ $\quad$ **HN = $2\cdot 3^2\cdot 7 = 126$**

$$\frac{7}{18}-\frac{5}{21}+\frac{8}{63}+\frac{1}{6}=\frac{7\cdot 7}{126}-\frac{5\cdot 6}{126}+\frac{8\cdot 2}{126}+\frac{1\cdot 21}{126}=$$
$$=\frac{49-30+16+21}{126}=\frac{56}{126}=\frac{14\cdot 4}{14\cdot 9}=\frac{4}{9}$$

d) $\frac{19}{28}+\frac{1}{4}+\frac{1}{14}+1$

$28 = 2^2\cdot 7$ $\quad 4 = 2^2$ $\quad 14 = 2\cdot 7$ $\quad$ **HN = $2^2\cdot 7 = 28$**

$$\frac{19}{28}+\frac{1}{4}+\frac{1}{14}+1=\frac{19}{28}+\frac{1\cdot 7}{28}+\frac{1\cdot 2}{28}+\frac{28}{28}=$$
$$=\frac{19+7+2+28}{28}=\frac{56}{28}=2$$

**17.** a) $\frac{1-3x^2}{4x}-\frac{x^2-6}{2x^2}+\frac{7+6x}{8}-\frac{9}{3x^2}$

*Schritt 1: Der Term $\frac{9}{3x^2}$ kann vereinfacht werden*

$$\frac{1-3x^2}{4x}-\frac{x^2-6}{2x^2}+\frac{7+6x}{8}-\frac{3}{x^2}$$

*Schritt 2: Suche nach dem HN*

$4x = 2^2\cdot x$ $\quad 2x^2 = 2\cdot x^2$ $\quad 8 = 2^3$ $\quad x^2 = x^2$ $\quad$ **HN = $2^3\cdot x^2 = 8x^2$**

*Schritt 3: Erweitern auf HN*

$$\frac{(1-3x^2)\cdot \mathbf{2}\cdot \mathbf{x}}{2^2\cdot x\cdot \mathbf{2}\cdot \mathbf{x}}-\frac{(x^2-6)\cdot \mathbf{2^2}}{2\cdot x^2\cdot \mathbf{2^2}}+\frac{(7+6x)\cdot \mathbf{x^2}}{2^3\cdot \mathbf{x^2}}-\frac{3\cdot \mathbf{2^3}}{x^2\cdot \mathbf{2^3}}=$$

*Schritt 4: Zusammenfassen und vereinfachen*

$$= \frac{(1-3x^2)\cdot 2x - (x^2-6)\cdot 4 + (7+6x)\cdot x^2 - 24}{8x^2} =$$

$$= \frac{2x - 6x^3 - (4x^2-24) + 7x^2 + 6x^3 - 24}{8x^2} =$$

$$= \frac{2x - 6x^3 - 4x^2 + 24 + 7x^2 + 6x^3 - 24}{8x^2} =$$

$$= \frac{3x^2 + 2x}{8x^2} = \frac{x(3x+2)}{x\cdot 8x} = \frac{3x+2}{8x}$$

b) $\frac{(1-a^2)a}{4a^4} - \frac{9-2a}{36a} + \frac{3+a^2}{9a^2} - \frac{4a+3}{12a^3}$

*Schritt 1: Der erste Term wird vereinfacht*

$$\frac{1-a^2}{4a^3} - \frac{9-2a}{36a} + \frac{3+a^2}{9a^2} - \frac{4a+3}{12a^3}$$

*Schritt 2: Suche nach dem HN*

$4a^3 = 2^2 \cdot a^3 \qquad 36a = 2^2 \cdot 3^2 \cdot a$

$9a^2 = 3^2 \cdot a^2 \qquad 12a^3 = 2^2 \cdot 3 \cdot a^3 \qquad$ **HN =** $\mathbf{2^2 \cdot 3^2 \cdot a^3 = 36a^3}$

*Schritt 3: Erweitern auf HN*

$$\frac{(1-a^2)\cdot \mathbf{3^2}}{2^2\cdot a^3\cdot \mathbf{3^2}} - \frac{(9-2a)\cdot \mathbf{a^2}}{2^2\cdot 3^2\cdot a\cdot \mathbf{a^2}} + \frac{(3+a^2)\cdot \mathbf{2^2\cdot a}}{3^2\cdot a^2\cdot \mathbf{2^2\cdot a}} - \frac{(4a+3)\cdot \mathbf{3}}{2^2\cdot 3a^3\cdot \mathbf{3}} =$$

*Schritt 4: Zusammenfassen und vereinfachen*

$$= \frac{(1-a^2)\cdot 9 - (9-2a)\cdot a^2 + (3+a^2)\cdot 4a - (4a+3)\cdot 3}{36a^3} =$$

$$= \frac{9 - 9a^2 - (9a^2 - 2a^3) + 12a + 4a^3 - 12a - 9}{36a^3} =$$

$$= \frac{9 - 9a^2 - 9a^2 + 2a^3 + 12a + 4a^3 - 12a - 9}{36a^3} = \frac{6a^3 - 18a^2}{36a^3} =$$

$$= \frac{6a^2\cdot(a-3)}{6a^2\cdot 6a} = \frac{a-3}{6a}$$

c) $\frac{9a-7}{20a}+\frac{ab-5a}{10a^2b}-\frac{4a^2-3b}{4ab^2}-\frac{b^2-5a}{5b^2}$

*Schritt 1: Der zweite Term wird vereinfacht*

$$\frac{9a-7}{20a}+\frac{\mathbf{a}\cdot(b-5)}{\mathbf{a}\cdot 10ab}-\frac{4a^2-3b}{4ab^2}-\frac{b^2-5a}{5b^2}=$$

$$=\frac{9a-7}{20a}+\frac{b-5}{10ab}-\frac{4a^2-3b}{4ab^2}-\frac{b^2-5a}{5b^2}$$

*Schritt 2: Suche nach dem HN*

$20a = 2^2\cdot 5\cdot a$ $\quad$ $10ab = 2\cdot 5\cdot a\cdot b$

$4ab^2 = 2^2\cdot a\cdot b^2$ $\quad$ $5b^2 = 5\cdot b^2$ $\quad$ $\mathbf{HN = 2^2\cdot 5\cdot a\cdot b^2 = 20ab^2}$

*Schritt 3: Erweitern auf HN*

$$\frac{(9a-7)\cdot\mathbf{b^2}}{2^2\cdot 5\cdot a\cdot\mathbf{b^2}}+\frac{(b-5)\cdot\mathbf{2\cdot b}}{2\cdot 5\cdot a\cdot b\cdot\mathbf{2\cdot b}}-\frac{(4a^2-3b)\cdot\mathbf{5}}{2^2\cdot a\cdot b^2\cdot\mathbf{5}}-\frac{(b^2-5a)\cdot\mathbf{2^2\cdot a}}{5\cdot b^2\cdot\mathbf{2^2\cdot a}}=$$

*Schritt 4: Zusammenfassen und vereinfachen*

$$=\frac{(9a-7)b^2+(b-5)\cdot 2b-(4a^2-3b)\cdot 5-(b^2-5a)\cdot 4a}{20ab^2}=$$

$$=\frac{9ab^2-7b^2+2b^2-10b-(20a^2-15b)-(4ab^2-20a^2)}{20ab^2}=$$

$$=\frac{9ab^2-5b^2-10b-20a^2+15b-4ab^2+20a^2}{20ab^2}=$$

$$=\frac{5ab^2-5b^2+5b}{20ab^2}=\frac{5b(ab-b+1)}{5b\cdot 4ab}=\frac{ab-b+1}{4ab}$$

**18.** a) $\frac{3a}{a-b}-\frac{5b}{a+b}-\frac{2(a^2+2b^2)}{a^2-b^2}$

*Schritt 1: Eine Vereinfachung ist nicht möglich!*
*Schritt 2: Suche nach dem HN*

$a-b=(a-b)$ $\quad$ $a+b=(a+b)$ $\quad$ $a^2-b^2=(a+b)(a-b)$

$\mathbf{HN = (a+b)(a-b)}$

*Schritt 3: Erweitern auf HN*

$$\frac{3a \cdot \mathbf{(a+b)}}{(a-b) \cdot \mathbf{(a+b)}} - \frac{5b \cdot \mathbf{(a-b)}}{(a+b)\mathbf{(a-b)}} - \frac{2(a^2+2b^2)}{(a+b)(a-b)} =$$

*Schritt 4: Zusammenfassen und vereinfachen*

$$= \frac{3a(a+b) - 5b(a-b) - 2(a^2+2b^2)}{(a+b)(a-b)} =$$

$$= \frac{3a^2+3ab-(5ab-5b^2)-(2a^2+4b^2)}{(a+b)(a-b)} =$$

$$= \frac{3a^2+3ab-5ab+5b^2-2a^2-4b^2}{(a+b)(a-b)} =$$

$$= \frac{a^2-2ab+b^2}{(a+b)(a-b)} = \frac{(a-b)(a-b)}{(a+b)(a-b)} = \frac{a-b}{a+b}$$

Du willst mit diesem Trainingsheft Erfolg haben, deshalb kontrolliere nochmals:

- Es soll immer der ganze Nenner erweitert werden; deshalb sind Klammern zu setzen. Hast du das auch getan?

  Zum Beispiel: $\frac{3a}{(a-b)} = \frac{3a \cdot (a+b)}{(a-b) \cdot (a+b)}$

  $\uparrow \quad \uparrow \; \uparrow \quad \uparrow$
- Steht ein Minuszeichen vor einer Klammer, so ändern sich alle Vorzeichen bei ihrer Auflösung.

  Heißt es in deiner Rechnung auch: $3a^2 + 3ab - 5ab + 5b^2 - 2a^2 - 4b^2$
- Nach dem Zusammenfassen ist oft eine weitere Vereinfachung möglich! Hast du erkannt, daß sich $a^2 - 2ab + b^2$ in $(a - b)^2$ umformen läßt und daß man dann kürzen kann?

  Machen dir diese Umformungen Schwierigkeiten? Vielleicht solltest du doch, wenigstens auszugsweise, noch einmal den Abschnitt 2.2 bearbeiten!

b) $\frac{3a}{a+b} - \frac{b}{4a+4b} - \frac{a(11a-15b)}{4a^2-4b^2}$

*Schritt 1: Eine Vereinfachung ist nicht möglich!*

*Schritt 2: Suche nach dem HN*

$a + b = (a + b) \qquad 4a + 4b = 4(a + b)$

$4a^2 - 4b^2 = 4(a^2 - b^2) = 4(a+b)(a-b)$ **HN = 4(a + b)(a – b)**

*Schritt 3: Erweitern auf HN*

$$\frac{3a \cdot \mathbf{4(a-b)}}{(a+b)\cdot \mathbf{4(a-b)}} - \frac{b \cdot \mathbf{(a-b)}}{4(a+b)\cdot \mathbf{(a-b)}} - \frac{a(11a-15b)}{4(a+b)(a-b)} =$$

*Schritt 4: Zusammenfassen und vereinfachen*

$$= \frac{3a \cdot 4(a-b) - b \cdot (a-b) - a(11a-15b)}{4(a+b)(a-b)} =$$

$$= \frac{12a^2 - 12ab - (ab - b^2) - (11a^2 - 15ab)}{4(a+b)(a-b)} =$$

$$= \frac{12a^2 - 12ab - ab + b^2 - 11a^2 + 15ab}{4(a+b)(a-b)} =$$

$$= \frac{a^2 + 2ab + b^2}{4(a+b)(a-b)} = \frac{(a+b)(a+b)}{4(a+b)(a-b)} = \frac{a+b}{4(a-b)}$$

c) $\frac{3a}{2a-2b} - \frac{2(2ab+2b^2)}{10a^2-10b^2} + \frac{7b}{5a-5b}$

*Schritt 1: Der zweite Term kann vereinfacht werden und dabei ist bereits eine Zerlegung in Faktoren möglich*

$$\frac{3a}{2(a-b)} - \frac{2\cdot 2b(a+b)}{2\cdot 5(a+b)(a-b)} + \frac{7b}{5(a-b)} =$$

$$= \frac{3a}{2(a-b)} - \frac{2b}{5(a-b)} + \frac{7b}{5(a-b)}$$

Dadurch verkürzt sich der Rechenweg erheblich.

*Schritt 2: Suche nach dem HN*

$2(a-b) = 2(a-b) \qquad 5(a-b) = 5(a-b)$

$\mathbf{HN = 2 \cdot 5 \cdot (a-b) = 10(a-b)}$

*Schritt 3: Erweitern auf HN*

$$\frac{3a \cdot \mathbf{5}}{2(a-b)\cdot \mathbf{5}} - \frac{2b \cdot \mathbf{2}}{5(a-b)\cdot \mathbf{2}} + \frac{7b \cdot \mathbf{2}}{5(a-b)\cdot \mathbf{2}} =$$

*Schritt 4: Zusammenfassen und vereinfachen*

$$= \frac{15a}{10(a-b)} - \frac{4b}{10(a-b)} + \frac{14b}{10(a-b)} = \frac{15a - 4b + 14b}{10(a-b)} =$$

$$= \frac{15a + 10b}{10(a-b)} = \frac{5(3a+2b)}{5\cdot 2(a-b)} = \frac{3a+2b}{2(a-b)}$$

d) $$\frac{a-b}{2a+2b}-\frac{5(a-b)}{15a+15b}+\frac{1,5a^2+4ab+2,5b^2}{3b^2+6ab+3a^2}$$

*Schritt 1: Der zweite Term kann vereinfacht werden und dabei ist bereits eine Zerlegung in Faktoren möglich*

$$\frac{a-b}{2(a+b)}-\frac{5(a-b)}{5\cdot 3(a+b)}+\frac{1,5a^2+4ab+2,5b^2}{3(b^2+2ab+a^2)}=$$

$$=\frac{a-b}{2(a+b)}-\frac{a-b}{3(a+b)}+\frac{1,5a^2+4ab+2,5b^2}{3(a+b)^2}$$

*Schritt 2: Suche nach dem HN*

$2(a+b)=2(a+b)$ $3(a+b)=3(a+b)$ $3(a+b)^2=3(a+b)^2$

$\mathbf{HN = 2\cdot 3(a+b)^2 = 6(a+b)^2}$

*Schritt 3: Erweitern auf HN*

$$\frac{(a-b)\cdot \mathbf{3(a+b)}}{2(a+b)\cdot \mathbf{3(a+b)}}-\frac{(a-b)\cdot \mathbf{2(a+b)}}{3(a+b)\cdot \mathbf{2(a+b)}}+\frac{(1,5a^2+4ab+2,5b^2)\cdot \mathbf{2}}{3(a+b)^2\cdot \mathbf{2}}=$$

*Schritt 4: Zusammenfassen und vereinfachen*

$$=\frac{(a-b)\cdot 3(a+b)-(a-b)\cdot 2\cdot(a+b)+(1,5a^2+4ab+2,5b^2)\cdot 2}{6(a+b)^2}=$$

$$=\frac{3(a^2-b^2)-2(a^2-b^2)+3a^2+8ab+5b^2}{6(a+b)^2}=$$

$$=\frac{3a^2-3b^2-2a^2+2b^2+3a^2+8ab+5b^2}{6(a+b)^2}=$$

$$=\frac{4a^2+8ab+4b^2}{6(a+b)^2}=\frac{2\cdot 2(a^2+2ab+b^2)}{2\cdot 3(a+b)^2}=\frac{2(a+b)^2}{3(a+b)^2}=\frac{2}{3}$$

e) $$\frac{3x-y}{2x-2y}-\frac{1,5(5x^2+y^2)-9xy}{5y^2-10xy+5x^2}+\frac{9y-3x}{30x-30y}$$

*Schritt 1: Der dritte Term wird vereinfacht*

$$\frac{3x-y}{2(x-y)}-\frac{7,5x^2-9xy+1,5y^2}{5(y^2-2xy+x^2)^2}+\frac{3(3y-x)}{3\cdot 10(x-y)}=$$

$$=\frac{3x-y}{2(x-y)}-\frac{7,5x^2-9xy+1,5y^2}{5(y-x)^2}+\frac{3y-x}{10(x-y)}$$

*Schritt 2: Suche nach dem HN*

$2(x-y) = 2(x-y) \qquad 5(y-x)^2 = 5(x-y)^2$

$10(x-y) = 2\cdot 5(x-y) \qquad \mathbf{HN = 2\cdot 5(x-y)^2 = 10(x-y)^2}$

*Schritt 3: Erweitern auf HN*

$$\frac{(3x-y)\cdot\mathbf{5(x-y)}}{2(x-y)\cdot\mathbf{5(x-y)}} - \frac{(7{,}5x^2-9xy+1{,}5y^2)\cdot\mathbf{2}}{5(x-y)^2\cdot\mathbf{2}} + \frac{(3y-x)\cdot\mathbf{(x-y)}}{2\cdot 5(x-y)\cdot\mathbf{(x-y)}} =$$

*Schritt 4: Zusammenfassen und vereinfachen*

$$= \frac{(3x-y)\cdot 5(x-y)-(7{,}5x^2-9xy+1{,}5y^2)\cdot 2+(3y-x)(x-y)}{10(x-y)^2} =$$

$$= \frac{5(3x^2-4xy+y^2)-(15x^2-18xy+3y^2)+3xy-3y^2-x^2+xy}{10(x-y)^2} =$$

$$= \frac{15x^2-20xy+5y^2-15x^2+18xy-3y^2+4xy-3y^2-x^2}{10(x-y)^2} =$$

$$= \frac{-x^2+2xy-y^2}{10(x-y)^2} = \frac{-(x^2-2xy+y^2)}{10(x-y)^2} = \frac{-(x-y)^2}{10(x-y)^2} = -\frac{1}{10}$$

**19.** a) $\dfrac{4z+y}{z-y} + \dfrac{3z+2y}{y-z}$

*Schritt 1: Eine Vereinfachung ist nicht möglich!*
*Schritt 2: Suche nach dem HN*

$z-y = z-y \qquad y-z = -(z-y) \qquad \mathbf{HN = z-y}$

*Beachte:* Der HN hat kein Minuszeichen!

*Schritt 3: Erweitern auf HN*

$$\frac{4z+y}{z-y} + \frac{3z+2y}{-(z-y)} = \frac{4z+y}{z-y} - \frac{3z+2y}{z-y} =$$

*Schritt 4: Zusammenfassen und vereinfachen*

$$= \frac{4z+y-(3z+2y)}{z-y} = \frac{4z+y-3z-2y}{z-y} = \frac{z-y}{z-y} = 1$$

b) $$\frac{8a+3b}{4a-4b}-\frac{\frac{1}{4}b-a}{b-a}$$

*Schritt 1: Eine Vereinfachung ist nicht möglich!*

*Schritt 2: Suche nach dem HN*

$4a-4b=4(a-b)$ $\quad b-a=-(a-b)$ $\quad$ **HN = 4(a − b)**

*Schritt 3: Erweitern auf HN*

$$\frac{8a+3b}{4(a-b)}-\frac{\frac{1}{4}b-a}{-(a-b)}=\frac{8a+3b}{4(a-b)}+\frac{\frac{1}{4}b-a}{a-b}=\frac{8a+3b}{4(a-b)}+\frac{\left(\frac{1}{4}b-a\right)\cdot\mathbf{4}}{(a-b)\cdot\mathbf{4}}=$$

*Schritt 4: Zusammenfassen und vereinfachen*

$$=\frac{8a+3b+4\left(\frac{1}{4}b-a\right)}{4(a-b)}=\frac{8a+3b+b-4a}{4(a-b)}=\frac{4a+4b}{4(a-b)}=\frac{4(a+b)}{4(a-b)}=\frac{a+b}{a-b}$$

c) $$\frac{2x+y}{2x+2y}+\frac{y+x}{y-x}+\frac{x^2+\frac{3}{2}y(x+y)}{x^2-y^2}$$

*Schritt 1: Eine Vereinfachung ist nicht möglich!*

*Schritt 2: Suche nach dem HN*

$2x+2y=2(x+y)$ $\quad y-x=-(x-y)$ $\quad x^2-y^2=(x+y)(x-y)$

**HN = 2(x + y)(x − y)**

*Schritt 3: Erweitern auf HN*

$$\frac{2x+y}{2(x+y)}-\frac{y+x}{x-y}+\frac{x^2+\frac{3}{2}xy+\frac{3}{2}y^2}{(x+y)(x-y)}=$$

$$=\frac{(2x+y)\cdot\mathbf{(x-y)}}{2(x+y)\cdot\mathbf{(x-y)}}-\frac{(y+x)\cdot\mathbf{2(x+y)}}{(x-y)\cdot\mathbf{2(x+y)}}+\frac{\left(x^2+\frac{3}{2}xy+\frac{3}{2}y^2\right)\cdot\mathbf{2}}{(x+y)(x-y)\cdot\mathbf{2}}=$$

*Schritt 4: Zusammenfassen und vereinfachen*

$$=\frac{(2x+y)\cdot(x-y)-(y+x)\cdot 2(x+y)+\left(x^2+\frac{3}{2}xy+\frac{3}{2}y^2\right)\cdot 2}{2(x+y)(x-y)}=$$

$$=\frac{2x^2-xy-y^2-2(x^2+2xy+y^2)+2x^2+3xy+3y^2}{2(x+y)(x-y)}=$$

$$= \frac{2x^2 - xy - y^2 - 2x^2 - 4xy - 2y^2 + 2x^2 + 3xy + 3y^2}{2(x+y)(x-y)} =$$

$$= \frac{2x^2 - 2xy}{2(x+y)(x-y)} = \frac{2x(x-y)}{2(x+y)(x-y)} = \frac{x}{x+y}$$

d) $\frac{7x - 14y}{14y - 14x} - \frac{x - 3y}{6x - 6y} + \frac{x^2 - 4,5xy + 3,5y^2}{3x^2 - 6xy + 3y^2}$

*Schritt 1: Der erste Term kann vereinfacht werden und dabei ist bereits eine Zerlegung in Faktoren möglich*

$$\frac{7(x-2y)}{7 \cdot 2(y-x)} - \frac{x-3y}{6(x-y)} + \frac{x^2 - 4,5xy + 3,5y^2}{3(x^2 - 2xy + y^2)} =$$

$$= \frac{x - 2y}{2(y-x)} - \frac{x - 3y}{6(x-y)} + \frac{x^2 - 4,5xy + 3,5y^2}{3(x-y)^2}$$

*Schritt 2: Suche nach dem HN*

$2(y - x) = -2 \cdot (x - y)$ $\quad$ $6(x - y) = 2 \cdot 3(x - y)$

$3(x - y)^2 = 3 \cdot (x - y)^2$ $\quad$ $\mathbf{HN = 2 \cdot 3(x - y)^2 = 6(x - y)^2}$

*Schritt 3: Erweitern auf HN*

$$-\frac{x - 2y}{2(x-y)} - \frac{x - 3y}{2 \cdot 3(x-y)} + \frac{x^2 - 4,5xy + 3,5y^2}{3(x-y)^2} =$$

$$= -\frac{(x-2y) \cdot \mathbf{3} \cdot \mathbf{(x-y)}}{2(x-y) \cdot \mathbf{3} \cdot \mathbf{(x-y)}} - \frac{(x-3y) \cdot \mathbf{(x-y)}}{2 \cdot 3(x-y) \cdot \mathbf{(x-y)}} + \frac{(x^2 - 4,5xy + 3,5y^2) \cdot \mathbf{2}}{3(x-y)^2 \cdot \mathbf{2}} =$$

*Schritt 4: Zusammenfassen und vereinfachen*

$$= \frac{-(x-2y) \cdot 3 \cdot (x-y) - (x-3y) \cdot (x-y) + (x^2 - 4,5xy + 3,5y^2) \cdot 2}{6(x-y)^2} =$$

$$= \frac{-3(x^2 - 3xy + 2y^2) - (x^2 - 4xy + 3y^2) + 2x^2 - 9xy + 7y^2}{6(x-y)^2} =$$

$$= \frac{-3x^2 + 9xy - 6y^2 - x^2 + 4xy - 3y^2 + 2x^2 - 9xy + 7y^2}{6(x-y)^2} =$$

$$= \frac{-2x^2 + 4xy - 2y^2}{6(x-y)^2} = \frac{-2(x^2 - 2xy + y^2)}{2 \cdot 3(x-y)^2} = \frac{-(x-y)^2}{3(x-y)^2} = -\frac{1}{3}$$

**20.** a) $\dfrac{3x-1}{4x^2+8x+4}+\dfrac{1}{12x-12}+\dfrac{0{,}5-x}{3x^2-3}$

*Schritt 1: Eine Vereinfachung ist nicht möglich!*
*Schritt 2: Suche nach dem HN*

$4x^2+8x+4=4(x^2+2x+1)=2^2\cdot(x+1)^2$

$12x-12=2^2\cdot 3(x-1) \qquad 3x^2-3=3(x^2-1)=3(x+1)(x-1)$

$\mathbf{HN=2^2\cdot 3(x+1)^2(x-1)=12(x+1)^2(x-1)}$

*Schritt 3: Erweitern auf HN*

$$\frac{(3x-1)\cdot\mathbf{3(x-1)}}{2^2(x+1)^2\cdot\mathbf{3(x-1)}}+\frac{1\cdot\mathbf{(x+1)^2}}{2^2\cdot 3(x-1)\cdot\mathbf{(x+1)^2}}+\frac{(0{,}5-x)\cdot\mathbf{2^2(x+1)}}{3(x+1)(x-1)\cdot\mathbf{2^2(x+1)}}=$$

*Schritt 4: Zusammenfassen und vereinfachen*

$$=\frac{(3x-1)\cdot 3(x-1)+1\cdot(x+1)^2+(0{,}5-x)\cdot 4(x+1)}{12(x+1)^2(x-1)}=$$

$$=\frac{3(3x^2-4x+1)+x^2+2x+1+4(0{,}5x+0{,}5-x^2-x)}{12(x+1)^2(x-1)}=$$

$$=\frac{9x^2-12x+3+x^2+2x+1+2x+2-4x^2-4x}{12(x+1)^2(x-1)}=$$

$$=\frac{6x^2-12x+6}{12(x+1)^2(x-1)}=\frac{2\cdot 3(x^2-2x+1)}{2^2\cdot 3(x+1)^2(x-1)}=\frac{(x-1)(x-1)}{2(x+1)^2(x-1)}=$$

$$=\frac{x-1}{2(x+1)^2}$$

b) $\dfrac{5}{8x+16}-\dfrac{x-4}{8-8x+2x^2}+\dfrac{11+0{,}5x}{4x^2-16}$

*Schritt 1: Eine Vereinfachung ist nicht möglich!*
*Schritt 2: Suche nach dem HN*

$8x+16=2^3(x+2)$

$8-8x+2x^2=2(4-4x+x^2)=2(2-x)^2=2(x-2)^2$

$4x^2-16=2^2(x^2-4)=2^2(x+2)(x-2)$

$\mathbf{HN=2^3(x+2)(x-2)^2=8(x+2)(x-2)^2}$

*Schritt 3: Erweitern auf HN*

$$\frac{5\cdot\mathbf{(x-2)^2}}{2^3(x+2)\cdot\mathbf{(x-2)^2}}-\frac{(x-4)\cdot\mathbf{2^2(x+2)}}{2(x-2)^2\cdot\mathbf{2^2(x+2)}}+\frac{(11+0{,}5x)\cdot\mathbf{2(x-2)}}{2^2(x+2)(x-2)\cdot\mathbf{2(x-2)}}=$$

*Schritt 4: Zusammenfassen und vereinfachen*

$$=\frac{5(x-2)^2-(x-4)\cdot 4(x+2)+(11+0{,}5x)\cdot 2(x-2)}{8(x+2)(x-2)^2}=$$

$$=\frac{5(x^2-4x+4)-4(x^2-2x-8)+2(11x-22+0{,}5x^2-x)}{8(x+2)(x-2)^2}=$$

$$=\frac{5x^2-20x+20-4x^2+8x+32+22x-44+x^2-2x}{8(x+2)(x-2)^2}=$$

$$=\frac{2x^2+8x+8}{8(x+2)(x-2)^2}=\frac{2(x^2+4x+4)}{2\cdot 4(x+2)(x-2)^2}=$$

$$=\frac{(x+2)(x+2)}{4(x+2)(x-2)^2}=\frac{x+2}{4(x-2)^2}$$

c) $\dfrac{2q-p}{p^2-pq}-\dfrac{p}{p+q}+\dfrac{p^2(p-q)-2q^2}{p^3-pq^2}$

*Schritt 1: Eine Vereinfachung ist nicht möglich!*
*Schritt 2: Suche nach dem HN*

$p^2-pq=p(p-q)$ $\quad$ $p+q=(p+q)$

$p^3-pq^2=p(p^2-q^2)=p(p+q)(p-q)$ $\quad$ $\mathbf{HN=p(p+q)(p-q)}$

*Schritt 3: Erweitern auf HN*

$$\frac{(2q-p)\cdot\mathbf{(p+q)}}{p(p-q)\mathbf{(p+q)}}-\frac{p\cdot\mathbf{p(p-q)}}{(p+q)\cdot\mathbf{p(p-q)}}+\frac{p^2(p-q)-2q^2}{p(p+q)(p-q)}=$$

*Schritt 4: Zusammenfassen und vereinfachen*

$$=\frac{(2q-p)\cdot(p+q)-p\cdot p(p-q)+p^2(p-q)-2q^2}{p(p+q)(p-q)}=$$

$$=\frac{2pq+2q^2-p^2-pq-(p^3-p^2q)+p^3-p^2q-2q^2}{p(p+q)(p-q)}=$$

$$=\frac{p^3-p^2-p^2q+pq-p^3+p^2q}{p(p+q)(p-q)}=$$

$$= \frac{-p^2+pq}{p(p+q)(p-q)} = \frac{-p(p-q)}{p(p+q)(p-q)} = \frac{-1}{p+q} = -\frac{1}{p+q}$$

d) $$\frac{a(a^2-2b)+b^2(2-a)}{a^3-2a^2b+ab^2} - \frac{a+b}{a-b} + \frac{a+b}{a^2-ab}$$

*Schritt 1: Eine Vereinfachung ist nicht möglich!*
*Schritt 2: Suche nach dem HN*

$a^3-2a^2b+ab^2 = a(a^2-2ab+b^2) = a(a-b)^2$

$a-b = (a-b) \qquad a^2-ab = a(a-b) \qquad \mathbf{HN = a(a-b)^2}$

*Schritt 3: Erweitern auf HN*

$$\frac{a(a^2-2b)+b^2(2-a)}{a(a-b)^2} - \frac{(a+b)\cdot \mathbf{a(a-b)}}{(a-b)\cdot \mathbf{a(a-b)}} + \frac{(a+b)\cdot \mathbf{(a-b)}}{a(a-b)\cdot \mathbf{(a-b)}} =$$

*Schritt 4: Zusammenfassen und vereinfachen*

$$= \frac{a(a^2-2b)+b^2(2-a)-(a+b)\cdot a(a-b)+(a+b)\cdot(a-b)}{a(a-b)^2} =$$

$$= \frac{a^3-2ab+2b^2-ab^2-a(a^2-b^2)+a^2-b^2}{a(a-b)^2} =$$

$$= \frac{a^3+a^2-2ab-ab^2+b^2-a^3+ab^2}{a(a-b)^2} = \frac{a^2-2ab+b^2}{a(a-b)^2} =$$

$$= \frac{(a-b)^2}{a(a-b)^2} = \frac{1}{a}$$

e) $$\frac{-(u+3v)}{u^2+uv} - \frac{u}{v-u} + \frac{u^2(1-v)-(5+u)v^2}{u^3-uv^2} - 1$$

*Schritt 1: Eine Vereinfachung ist nicht möglich!*
*Schritt 2: Suche nach dem HN*

$u^2+uv = u(u+v) \qquad v-u = -(u-v)$

$u^3-uv^2 = u(u^2-v^2) = u(u+v)(u-v)$

$\mathbf{HN = u(u+v)(u-v)}$

*Schritt 3: Erweitern auf HN*

$$\frac{-(u+3v)}{u(u+v)} + \frac{u}{u-v} + \frac{u^2(1-v)-(5+u)v^2}{u(u+v)(u-v)} - 1 =$$

$$= \frac{-(u+3v)\cdot\mathbf{(u-v)}}{u(u+v)\cdot\mathbf{(u-v)}} + \frac{u\cdot\mathbf{u(u+v)}}{(u-v)\cdot\mathbf{u(u+v)}} +$$

$$+ \frac{u^2(1-v)-(5+u)v^2}{u(u+v)(u-v)} - \frac{1\cdot\mathbf{u(u+v)(u-v)}}{1\cdot\mathbf{u(u+v)(u-v)}} =$$

*Schritt 4: Zusammenfassen und vereinfachen*

$$= \frac{-(u+3v)(u-v)+u^2(u+v)+u^2(1-v)-(5+u)v^2-u(u+v)(u-v)}{u(u+v)(u-v)} =$$

$$= \frac{-(u^2+2uv-3v^2)+u^3+u^2v+u^2-u^2v-5v^2-uv^2-u(u^2-v^2)}{u(u+v)(u-v)} =$$

$$= \frac{-u^2-2uv+3v^2+u^3+u^2-5v^2-uv^2-u^3+uv^2}{u(u+v)(u-v)} =$$

$$= \frac{-2uv-2v^2}{u(u+v)(u-v)} = \frac{-2v(u+v)}{u(u-v)(u+v)} = \frac{-2v}{u(u-v)} = -\frac{2v}{u(u-v)}$$

f) $\dfrac{a}{2a-2} + \dfrac{\frac{1}{2}a^2(3-a)+3-4a}{a-2a^2+a^3} + \dfrac{a+3}{2a^2-2a}$

*Schritt 1: Eine Vereinfachung ist nicht möglich!*
*Schritt 2: Suche nach dem HN*

$2a-2 = 2(a-1)$

$a-2a^2+a^3 = a(1-2a+a^2) = a(1-a)^2 = a(a-1)^2$

$2a^2-2a = 2a(a-1)$ $\quad\quad$ $\mathbf{HN = 2\cdot a(a-1)^2}$

*Schritt 3: Erweitern auf HN*

$$\frac{a}{2(a-1)} + \frac{\frac{1}{2}a^2(3-a)+3-4a}{a(a-1)^2} + \frac{a-3}{2a(a-1)} =$$

$$= \frac{a\cdot\mathbf{a(a-1)}}{2(a-1)\cdot\mathbf{a(a-1)}} + \frac{\left[\frac{1}{2}a^2(3-a)+3-4a\right]\cdot\mathbf{2}}{a(a-1)^2\cdot\mathbf{2}} + \frac{(a+3)\cdot\mathbf{(a-1)}}{2a(a-1)\cdot\mathbf{(a-1)}} =$$

*Schritt 4: Zusammenfassen und vereinfachen*

$$= \frac{a\cdot a(a-1)+\left[\frac{1}{2}a^2(3-a)+3-4a\right]\cdot 2+(a+3)(a-1)}{2a(a-1)^2} =$$

$$= \frac{a^3 - a^2 + a^2(3-a) + 6 - 8a + a^2 - a + 3a - 3}{2a(a-1)^2} =$$

$$= \frac{a^3 + 3a^2 - a^3 + 3 - 6a}{2a(a-1)^2} = \frac{3a^2 - 6a + 3}{2a(a-1)^2} =$$

$$= \frac{3(a^2 - 2a + 1)}{2a(a-1)^2} = \frac{3(a-1)^2}{2a(a-1)^2} = \frac{3}{2a}$$

g) $\frac{3a}{2a+4} + \frac{2(a-3)}{2a^2 - a^3} + \frac{3a^3\left(1 - \frac{1}{2}a\right) + a^2 - 12}{a^4 - 4a^2}$

*Schritt 1: Eine Vereinfachung ist nicht möglich!*
*Schritt 2: Suche nach dem HN*
$2a + 4 = 2(a+2) \quad 2a^2 - a^3 = a^2(2-a) = -a^2(a-2)$
$a^4 - 4a^2 = a^2(a^2 - 4) = a^2(a+2)(a-2) \quad \mathbf{HN = 2 \cdot a^2(a+2)(a-2)}$

*Schritt 3: Erweitern auf HN*

$$\frac{3a}{2(a+2)} - \frac{2(a-3)}{a^2(a-2)} + \frac{3a^3\left(1 - \frac{1}{2}a\right) + a^2 - 12}{a^2(a+2)(a-2)} =$$

$$= \frac{3a \cdot \mathbf{a^2(a-2)}}{2(a+2) \cdot \mathbf{a^2(a-2)}} - \frac{2(a-3) \cdot \mathbf{2(a+2)}}{a^2(a-2) \cdot \mathbf{2(a+2)}} + \frac{\left[3a^3\left(1 - \frac{1}{2}a\right) + a^2 - 12\right] \cdot \mathbf{2}}{a^2(a+2)(a-2) \cdot \mathbf{2}} =$$

*Schritt 4: Zusammenfassen und vereinfachen*

$$= \frac{3a \cdot a^2(a-2) - 2(a-3) \cdot 2(a+2) + \left[3a^3(1 - \frac{1}{2}a) + a^2 - 12\right] \cdot 2}{2a^2(a+2)(a-2)} =$$

$$= \frac{3a^3(a-2) - 4(a^2 - a - 6) + 6a^3\left(1 - \frac{1}{2}a\right) + 2a^2 - 24}{2a^2(a+2)(a-2)} =$$

$$= \frac{3a^4 - 6a^3 - 4a^2 + 4a + 24 + 6a^3 - 3a^4 + 2a^2 - 24}{2a^2(a+2)(a-2)} =$$

$$= \frac{-2a^2 + 4a}{2a^2(a+2)(a-2)} = \frac{-2a(a-2)}{2a^2(a+2)(a-2)} = \frac{-1}{a(a+2)} = -\frac{1}{a(a+2)}$$

h) $\frac{3}{x^2+x-12}+\frac{2-\frac{4}{7}x}{2x^2-14x+24}+\frac{\frac{11}{7}x-4}{2x^2-32}$

*Schritt 1: Eine Vereinfachung ist nicht möglich!*
*Schritt 2: Suche nach dem HN*
$x^2+x-12=(x+4)(x-3)$
$2x^2-14x+24=2(x^2-7x+12)=2(x-3)(x-4)$
$2x^2-32=2(x^2-16)=2(x+4)(x-4)$
**HN = 2(x + 4)(x − 4)(x − 3)**

*Schritt 3: Erweitern auf HN*

$$\frac{3\cdot\mathbf{2(x-4)}}{(x+4)(x-3)\cdot\mathbf{2(x-4)}}+\frac{\left(2-\frac{4}{7}x\right)\cdot\mathbf{(x+4)}}{2(x-3)(x-4)\cdot\mathbf{(x+4)}}+\frac{\left(\frac{11}{7}x-4\right)\cdot\mathbf{(x-3)}}{2(x+4)(x-4)\cdot\mathbf{(x-3)}}=$$

*Schritt 4: Zusammenfassen und vereinfachen*

$$=\frac{3\cdot2(x-4)+\left(2-\frac{4}{7}x\right)\cdot(x+4)+\left(\frac{11}{7}x-4\right)\cdot(x-3)}{2(x+4)(x-4)(x-3)}=$$

$$=\frac{6x-24+2x+8-\frac{4}{7}x^2-\frac{16}{7}x+\frac{11}{7}x^2-\frac{33}{7}x-4x+12}{2(x+4)(x-4)(x-3)}=$$

$$=\frac{x^2-3x-4}{2(x+4)(x-4)(x-3)}=\frac{(x-4)(x+1)}{2(x+4)(x-4)(x-3)}=\frac{x+1}{2(x+4)(x-3)}$$

**21.** a) $\frac{3x^2y}{2ab^2}\cdot\frac{4ab}{5xy}=\frac{3x^2y\cdot4ab}{2ab^2\cdot5xy}=\frac{\mathbf{2}\cdot2\cdot3\cdot\mathbf{a}\cdot\mathbf{b}\cdot\mathbf{x}\cdot x\cdot\mathbf{y}}{\mathbf{2}\cdot5\cdot\mathbf{a}\cdot\mathbf{b}\cdot b\cdot\mathbf{x}\cdot\mathbf{y}}=\frac{6x}{5b}$

b) $\frac{18a^3b}{11c^2}\cdot\left(-\frac{121a}{54b}\right)=-\frac{18a^3b\cdot121a}{11c^2\cdot54b}=-\frac{\mathbf{18}\cdot\mathbf{11}\cdot11\cdot a^4\mathbf{b}}{3\cdot\mathbf{18}\cdot\mathbf{11}\cdot\mathbf{b}\cdot c^2}=-\frac{11a^4}{3c^2}$

c) $\left(-\frac{2x}{3y}\right)^2\cdot\frac{-6y^3z}{5x^3}=\left(-\frac{2x}{3y}\right)\left(-\frac{2x}{3y}\right)\left(-\frac{6y^3z}{5x^3}\right)=-\frac{2x\cdot2x\cdot6y^3z}{3y\cdot3y\cdot5x^3}$

$$=-\frac{2\cdot2\cdot2\cdot\mathbf{3}\cdot\mathbf{x^2}\cdot\mathbf{y^2}\cdot y\cdot z}{\mathbf{3}\cdot3\cdot5\cdot\mathbf{x^2}\cdot x\cdot\mathbf{y^2}}=-\frac{8yz}{15x}$$

d) $$\frac{2u+2v^2}{3u-3v}\cdot\frac{5u-5v}{4u+4v^2}=\frac{(2u+2v^2)(5u-5v)}{(3u-3v)(4u+4v^2)}$$
$$=\frac{2(u+v^2)\cdot 5(u-v)}{3(u-v)\cdot 4(u+v^2)}=\frac{\mathbf{2}\cdot 5\cdot\mathbf{(u+v^2)(u-v)}}{\mathbf{2}\cdot 2\cdot 3\cdot\mathbf{(u-v)(u+v^2)}}$$
$$=\frac{5}{6}$$

e) $$\frac{x^2-4y^2}{4x^2y}\cdot\frac{2x^3+4x^2y}{3x-6y}=\frac{(x+2y)(x-2y)\cdot 2x^2(x+2y)}{4x^2y\cdot 3(x-2y)}$$
$$=\frac{\mathbf{2}\cdot\mathbf{x^2}(x+2y)\cdot\mathbf{(x-2y)}\cdot(x+2y)}{\mathbf{2}\cdot 2\cdot 3\cdot\mathbf{x^2}\cdot y\cdot\mathbf{(x-2y)}}$$
$$=\frac{(x+2y)^2}{6y}$$

f) $$\frac{x^2-2xz+z^2}{4x}\cdot\frac{2x^2+2xz}{3z-3x}=\frac{(x-z)^2\cdot 2x(x+z)}{4x\cdot 3(z-x)}=\frac{(z-x)^2\cdot 2x(x+z)}{4x\cdot 3(z-x)}$$
$$=\frac{\mathbf{2}\cdot\mathbf{x}\cdot(x+z)\mathbf{(z-x)}(z-x)}{\mathbf{2}\cdot 2\cdot 3\cdot\mathbf{x}\cdot\mathbf{(z-x)}}=\frac{(x+z)(z-x)}{6}$$

g) $$\frac{a^2}{a^2+2a+1}\cdot(2a^2-2)=\frac{a^2}{(a+1)^2}\cdot\frac{2(a^2-1)}{1}=\frac{a^2\cdot 2(a+1)(a-1)}{(a+1)^2\cdot 1}$$
$$=\frac{2a^2\cdot\mathbf{(a+1)}\cdot(a-1)}{\mathbf{(a+1)}\cdot(a+1)}=\frac{2a^2(a-1)}{a+1}$$

h) $$(4u^2-20uv+25v^2)\cdot\frac{-3uv}{4u-10v}=\frac{(2u-5v)^2}{1}\cdot\left(-\frac{3uv}{2(2u-5v)}\right)$$
$$=-\frac{(2u-5v)^2\cdot 3uv}{1\cdot 2(2u-5v)}$$
$$=-\frac{3uv\cdot\mathbf{(2u-5v)}\cdot(2u-5v)}{2\cdot\mathbf{(2u-5v)}}$$
$$=-\frac{3uv(2u-5v)}{2}$$

**22.** a) $\frac{15a}{8b}:\frac{9a^2}{10b}=\frac{15a}{8b}\cdot\frac{10b}{9a^2}=\frac{\mathbf{3}\cdot 5\cdot\mathbf{a}\cdot\mathbf{2}\cdot 5\cdot\mathbf{b}}{\mathbf{2}\cdot 4\cdot\mathbf{b}\cdot\mathbf{3}\cdot 3\cdot\mathbf{a}\cdot a}=\frac{25}{12a}$

b) $\frac{18x^2}{5y}:\frac{27x}{20y^2}=\frac{18x^2}{5y}\cdot\frac{20y^2}{27x}=\frac{2\cdot\mathbf{9}\cdot\mathbf{x}\cdot x\cdot 4\cdot\mathbf{5}\cdot\mathbf{y}\cdot y}{\mathbf{5}\cdot\mathbf{y}\cdot 3\cdot\mathbf{9}\cdot\mathbf{x}}=\frac{8xy}{3}$

c) $\frac{0,3a^3b^2}{4c^2}:\frac{9a^2c^2}{0,8b^2}=\frac{3a^3b^2}{40c^2}:\frac{90a^2c^2}{8b^2}=\frac{3a^3b^2}{40c^2}\cdot\frac{8b^2}{90a^2c^2}$

$=\frac{\mathbf{3a^2}\cdot a\cdot\mathbf{8}\cdot b^4}{\mathbf{8}\cdot 5c^2\cdot\mathbf{3a^2}\cdot 30c^2}=\frac{ab^4}{150c^4}$

d) $\frac{\frac{11}{7}x^2y^4}{3z^3}:\frac{\frac{55}{6}y^2z}{x^2}=\frac{11x^2y^4}{7\cdot 3z^3}:\frac{55y^2z}{6\cdot x^2}=$

Der 1. Bruch wurde mit 7, der 2. Bruch mit 6 erweitert.

$=\frac{11x^2y^4}{7\cdot 3z^3}\cdot\frac{6x^2}{55y^2z}=\frac{\mathbf{11}\cdot x^2\cdot\mathbf{y^2}\cdot y^2\cdot\mathbf{3}\cdot 2x^2}{7\cdot\mathbf{3}\cdot z^3\cdot\mathbf{11}\cdot 5\cdot\mathbf{y^2}\cdot z}=\frac{2x^4y^2}{35z^4}$

e) $\frac{x+y}{x-y}:\frac{x}{x^2-y^2}=\frac{x+y}{x-y}\cdot\frac{x^2-y^2}{x}=\frac{(x+y)(x+y)\cdot\mathbf{(x-y)}}{\mathbf{(x-y)}\cdot x}=\frac{(x+y)^2}{x}$

f) $\frac{4x^2-9y^2}{3x+2y}:\frac{6y-4x}{6y+9x}=\frac{4x^2-9y^2}{3x+2y}\cdot\frac{6y+9x}{6y-4x}$

$=\frac{(2x+3y)(2x-3y)\cdot 3(2y+3x)}{(3x+2y)\cdot 2(3y-2x)}$

$=\frac{(2x+3y)\cdot\mathbf{(2x-3y)}\cdot 3\cdot\mathbf{(3x+2y)}}{-2\cdot\mathbf{(2x-3y)(3x+2y)}}=-\frac{3(2x+3y)}{2}$

*Beachte:* $2y+3x=3x+2y$ (im Zähler); $2(3y-2x)=-2(2x-3y)$ (im Nenner).

g) $\frac{\frac{a}{x^2}}{\frac{ax}{b}}=\frac{a}{x^2}:\frac{ax}{b}=\frac{a}{x^2}\cdot\frac{b}{ax}=\frac{\mathbf{a}\cdot b}{x^2\cdot\mathbf{a}\cdot x}=\frac{b}{x^3}$

h) $\dfrac{\frac{uv}{w^2}}{\frac{vw}{u}} = \dfrac{uv}{w^2} : \dfrac{vw}{u} = \dfrac{uv}{w^2} \cdot \dfrac{u}{vw} = \dfrac{u \cdot \mathbf{v} \cdot u}{w^2 \cdot \mathbf{v} \cdot w} = \dfrac{u^2}{w^3}$

i) $\dfrac{\frac{x^2 + ax}{a^2 - ax}}{\frac{x^2}{a-x}} = \dfrac{x^2 + ax}{a^2 - ax} : \dfrac{x^2}{a - x} = \dfrac{x^2 + ax}{a^2 - ax} \cdot \dfrac{a - x}{x^2} =$

$= \dfrac{\mathbf{x} \cdot (x + a) \cdot \mathbf{(a - x)}}{a \cdot \mathbf{(a - x)} \cdot x \cdot \mathbf{x}} = \dfrac{x + a}{ax}$

j) $\dfrac{\frac{s + t}{st}}{\frac{s^2 + st}{st^2 + st}} = \dfrac{s + t}{st} : \dfrac{s^2 + st}{st^2 + st} = \dfrac{s + t}{st} \cdot \dfrac{st^2 + st}{s^2 + st} = \dfrac{\mathbf{(s + t)} \cdot \mathbf{st} \cdot (t + 1)}{\mathbf{st} \cdot s\mathbf{(s + t)}} = \dfrac{t + 1}{s}$

k) $\dfrac{\frac{a^2 - 4}{a}}{a^3 + 4a^2 + 4a} = \dfrac{a^2 - 4}{a} : (a^3 + 4a^2 + 4a) = \dfrac{a^2 - 4}{a} : \dfrac{a^3 + 4a^2 + 4a}{1}$

$= \dfrac{a^2 - 4}{a} \cdot \dfrac{1}{a^3 + 4a^2 + 4a} = \dfrac{(a + 2)(a - 2) \cdot 1}{a \cdot a(a^2 + 4a + 4)}$

$= \dfrac{\mathbf{(a + 2)} \cdot (a - 2)}{a^2 \cdot \mathbf{(a + 2)}(a + 2)} = \dfrac{a - 2}{a^2 (a + 2)}$

l) $\dfrac{2x^2 - 12x + 18}{\frac{x^2 - 9}{2x}} = (2x^2 - 12x + 18) : \dfrac{x^2 - 9}{2x} = \dfrac{2x^2 - 12x + 18}{1} : \dfrac{x^2 - 9}{2x}$

$= \dfrac{2x^2 - 12x + 18}{1} \cdot \dfrac{2x}{x^2 - 9} = \dfrac{2(x^2 - 6x + 9) \cdot 2x}{1 \cdot (x + 3)(x - 3)}$

$= \dfrac{2 \cdot \mathbf{(x - 3)} \cdot (x - 3) \cdot 2x}{(x + 3) \cdot \mathbf{(x - 3)}} = \dfrac{4x(x - 3)}{x + 3}$

**23.** a) $\left(\dfrac{x}{x + 1} - \dfrac{x - 1}{x}\right) \cdot \dfrac{x^2 + 2x + 1}{x} =$ — Zuerst wird in der Klammer zusammengefaßt,

$= \left(\dfrac{x \cdot x}{x(x + 1)} - \dfrac{(x - 1)(x + 1)}{x(x + 1)}\right) \cdot \dfrac{x^2 + 2x + 1}{x} =$ — HN = x(x + 1) die Klammer aufgelöst,

$$= \frac{x^2 - (x^2 - 1)}{x(x+1)} \cdot \frac{x^2 + 2x + 1}{x} =$$ zusammengefaßt,

$$= \frac{x^2 - x^2 + 1}{x(x+1)} \cdot \frac{x^2 + 2x + 1}{x} =$$

$$= \frac{1}{x(x+1)} \cdot \frac{x^2 + 2x + 1}{x} =$$

$$= \frac{1 \cdot \mathbf{(x+1)} \cdot (x+1)}{x \cdot \mathbf{(x+1)} \cdot x} = \frac{x+1}{x^2}$$ faktorisiert und anschließend gekürzt.

b) $$\left(\frac{x}{y} - \frac{x-1}{y+1}\right) : \frac{x^2 + 2xy + y^2}{2y+2}$$ Zuerst wird in der Klammer zusammengefaßt,

$$= \left(\frac{x(y+1)}{y(y+1)} - \frac{y(x-1)}{y(y+1)}\right) : \frac{x^2 + 2xy + y^2}{2y+2} =$$ HN = y(y + 1) die Klammer aufgelöst,

$$= \frac{xy + x - (xy - y)}{y(y+1)} : \frac{x^2 + 2xy + y^2}{2y+2} =$$

$$= \frac{xy + x - xy + y}{y(y+1)} : \frac{x^2 + 2xy + y^2}{2y+2} =$$ zusammengefaßt,

$$= \frac{x+y}{y(y+1)} : \frac{x^2 + 2xy + y^2}{2y+2} =$$

$$= \frac{x+y}{y(y+1)} \cdot \frac{2y+2}{x^2 + 2xy + y^2} =$$ mit dem Kehrbruch multipliziert,

$$= \frac{\mathbf{(x+y)} \cdot 2 \cdot \mathbf{(y+1)}}{y \cdot \mathbf{(y+1)} \cdot \mathbf{(x+y)} \cdot (x+y)} = \frac{2}{y(x+y)}$$ faktorisiert und anschließend gekürzt.

c) $$\left(\frac{1}{4x} + \frac{1}{2x^2}\right) \cdot \left(\frac{1}{x} + \frac{1}{x+2}\right)$$ Zuerst wird in den Klammern zusammengefaßt,

$4x = 2 \cdot 2 \cdot x; \quad 2x^2 = 2 \cdot x \cdot x$ HN 1. Klammer

$HN = 2 \cdot 2 \cdot x \cdot x = 4x^2$

$HN = x(x+2)$ HN 2. Klammer

$$\left(\frac{1 \cdot x}{4x \cdot x} + \frac{1 \cdot 2}{2x^2 \cdot 2}\right)\left(\frac{1 \cdot (x+2)}{x(x+2)} + \frac{x \cdot 1}{x(x+2)}\right) =$$

$$= \frac{x+2}{4x^2} \cdot \frac{x+2+x}{x(x+2)} = \frac{x+2}{4x^2} \cdot \frac{2x+2}{x(x+2)} =$$

$$= \frac{\mathbf{(x+2)} \cdot \mathbf{2}(x+1)}{\mathbf{2} \cdot 2x^2 \cdot x \cdot \mathbf{(x+2)}} = \frac{x+1}{2x^3}$$

die Bruchterme multipliziert, faktorisiert und gekürzt.

d) $\left(\frac{1}{2a^2b} + \frac{1}{3ab^2}\right) : \left(\frac{2}{b} + \frac{3}{a}\right)$

Zuerst wird in den Klammern zusammengefaßt,

$2a^2b = 2 \cdot a \cdot a \cdot b \quad 3ab^2 = 3 \cdot a \cdot b \cdot b$

$HN = 6a^2b^2$ HN 1. Klammer

$HN = ab$ HN 2. Klammer

$$\left(\frac{1 \cdot 3b}{2a^2b \cdot 3b} + \frac{1 \cdot 2a}{3ab^2 \cdot 2a}\right) : \left(\frac{2a}{ab} + \frac{3b}{ab}\right) =$$

$$= \frac{3b+2a}{6a^2b^2} : \frac{2a+3b}{ab} =$$

die Bruchterme dividiert,

$$= \frac{3b+2a}{6a^2b^2} \cdot \frac{ab}{2a+3b} = \frac{\mathbf{(2a+3b)} \cdot \mathbf{ab}}{6 \cdot ab \cdot \mathbf{ab} \cdot \mathbf{(2a+3b)}} =$$

faktorisiert und anschließend gekürzt.

$$= \frac{1}{6ab}$$

e) $\left(\frac{a-2b}{2a-2b} + \frac{a+8b}{3a-3b}\right) \cdot \left(\frac{3}{a+2b} + \frac{1}{a-2b}\right)$

Zuerst wird in den Klammern zusammengefaßt,

$2a - 2b = 2(a-b) \quad 3a - 3b = 3(a-b)$

$HN = 6(a-b)$ HN 1. Klammer

$HN = (a+2b)(a-2b)$ HN 2. Klammer

$$\left(\frac{(a-2b) \cdot 3}{(2a-2b) \cdot 3} + \frac{(a+8b) \cdot 2}{(3a-3b) \cdot 2}\right) \cdot \left(\frac{3 \cdot (a-2b)}{(a+2b)(a-2b)} + \frac{1 \cdot (a+2b)}{(a-2b)(a+2b)}\right) =$$

$$= \frac{3a-6b+2a+16b}{6(a-b)} \cdot \frac{3a-6b+a+2b}{(a+2b)(a-2b)} =$$

vereinfacht,

$$= \frac{5a+10b}{6(a-b)} \cdot \frac{4a-4b}{(a+2b)(a-2b)} =$$

multipliziert,

$$= \frac{5(a+2b)\cdot 4(a-b)}{6(a-b)(a+2b)(a-2b)} =$$

faktorisiert und anschließend gekürzt.

$$= \frac{5\cdot\mathbf{(a+2b)}\cdot\mathbf{2}\cdot 2\mathbf{(a-b)}}{\mathbf{2}\cdot 3\cdot\mathbf{(a-b)(a+2b)}\cdot(a-2b)} = \frac{10}{3(a-2b)}$$

f) $$\left(\frac{3x+4y}{x^2+xy}-\frac{2x+y}{x^2-y^2}\right):\left(\frac{4}{x}-\frac{2}{x-y}\right)$$

Zuerst wird in den Klammern subtrahiert,

$x^2+xy = x(x+y) \qquad x^2-y^2 = (x+y)(x-y)$

$HN = x(x+y)(x-y)$ — HN 1. Klammer

$HN = x(x-y)$ — HN 2. Klammer

$$\left(\frac{(3x+4y)(x-y)}{(x^2+xy)(x-y)}-\frac{(2x+y)\cdot x}{(x^2-y^2)\cdot x}\right):\left(\frac{4(x-y)}{x(x-y)}-\frac{2x}{x(x-y)}\right)=$$

$$= \frac{3x^2+4xy-3xy-4y^2-(2x^2+xy)}{x(x+y)(x-y)} : \frac{4x-4y-2x}{x(x-y)} =$$

$$= \frac{3x^2+xy-4y^2-2x^2-xy}{x(x+y)(x-y)} : \frac{2x-4y}{x(x-y)} =$$

wozu die Bruchterme jeweils gleichnamig gemacht werden.

$$= \frac{x^2-4y^2}{x(x+y)(x-y)} : \frac{2x-4y}{x(x-y)} =$$

Dann werden die Bruchterme dividiert, indem der 1. Term mit dem Kehrbruch des 2. Terms multipliziert wird.

$$= \frac{x^2-4y^2}{x(x+y)(x-y)} \cdot \frac{x(x-y)}{2x-4y} =$$

$$= \frac{(x+2y)\cdot\mathbf{(x-2y)}\cdot\mathbf{x(x-y)}}{\mathbf{x}(x+y)\cdot\mathbf{(x-y)}\cdot 2\mathbf{(x-2y)}} = \frac{x+2y}{2(x+y)}$$

Faktorisieren und Kürzen.

g) $$\left(\frac{4a(3-a)+b(6-b)}{4a^2+4ab+b^2}+1-\frac{6}{2a+b}\right):\frac{ab}{(2a+b)^2}$$

Zuerst wird in der Klammer zusammengefaßt, wozu

$4a^2+4ab+b^2 = (2a+b)^2 \qquad 2a+b = (2a+b)$

$HN = (2a+b)^2$

gleichnamig gemacht wird.

$$\left(\frac{4a(3-a)+b(6-b)}{(2a+b)^2}+\frac{(2a+b)^2}{(2a+b)^2}-\frac{6(2a+b)}{(2a+b)^2}\right):\frac{ab}{(2a+b)^2}=$$

$$=\frac{12a-4a^2+6b-b^2+4a^2+4ab+b^2-(12a+6b)}{(2a+b)^2}:\frac{ab}{(2a+b)^2}=$$

$$=\frac{12a+4ab+6b-12a-6b}{(2a+b)^2}:\frac{ab}{(2a+b)^2}=\frac{4ab}{(2a+b)^2}:\frac{ab}{(2a+b)^2}=$$

$$=\frac{4ab}{(2a+b)^2}\cdot\frac{(2a+b)^2}{ab}=\frac{4\cdot\mathbf{ab}\cdot\mathbf{(2a+b)^2}}{\mathbf{(2a+b)^2}\cdot\mathbf{ab}}=4$$

Dann wird dividiert, indem der 1. Term mit dem Kehrbruch des 2. Terms multipliziert wird.

h) $$\left(\frac{x^2}{x^2-y^2}-\frac{y^2}{x^2+xy}-1\right)\cdot\left(\frac{1}{y}-\frac{1}{x}\right):\frac{y}{x^2}$$

Zuerst wird in den Klammern zusammengefaßt.

$x^2-y^2=(x+y)(x-y) \qquad x^2+xy=x(x+y)$

$HN=x\,(x+y)(x-y)$ — HN 1. Klammer

$HN=xy$ — HN 2. Klammer

$$\left(\frac{x^2\cdot x}{(x^2-y^2)x}-\frac{y^2(x-y)}{(x^2+xy)(x+y)}-\frac{x(x^2-y^2)}{x(x+y)(x-y)}\right)\left(\frac{1\cdot x}{xy}-\frac{1\cdot y}{xy}\right):\frac{y}{x^2}=$$

$$=\frac{x^3-(xy^2-y^3)-(x^3-xy^2)}{x(x+y)(x-y)}\cdot\frac{x-y}{xy}:\frac{y}{x^2}=$$

$$=\frac{x^3-xy^2+y^3-x^3+xy^2}{x(x+y)(x-y)}\cdot\frac{x-y}{xy}:\frac{y}{x^2}=$$

Zusammenfassen,

$$=\frac{y^3}{x(x+y)(x-y)}\cdot\frac{x-y}{xy}:\frac{y}{x^2}=$$

$$=\frac{y^2\cdot\mathbf{y}\cdot\mathbf{(x-y)}}{x(x+y)\cdot\mathbf{(x-y)}\cdot x\cdot\mathbf{y}}:\frac{y}{x^2}=$$

Faktorisieren,

$$=\frac{y^2}{x^2(x+y)}\cdot\frac{x^2}{y}=\frac{\mathbf{y}\cdot y\cdot\mathbf{x^2}}{\mathbf{x^2}\cdot(x+y)\cdot\mathbf{y}}=\frac{y}{x+y}$$

Multiplizieren mit dem Kehrbruch und Kürzen.

i) $$\left(\frac{4a^2-4ab+b^2}{3x^2-6xy}\cdot x-\frac{4ab+2b^2}{2y-x}\right):\frac{4a^2-b^2}{2x-4y}+\frac{4a^2-16ab-17b^2}{12a^2-3b^2}$$

Aus Gründen der Übersichtlichkeit werden die jeweiligen Terme **einzeln** betrachtet und der Reihe nach vereinfacht. Wir beginnen mit dem Term in der Klammer und beachten, daß "Punkt vor Strich" gilt. Also:

$$\frac{4a^2-4ab+b^2}{3x^2-6xy}\cdot x=\frac{4a^2-4ab+b^2}{3x^2-6xy}\cdot\frac{x}{1}=$$

$$=\frac{(2a-b)^2\cdot \mathbf{x}}{3\cdot \mathbf{x}\cdot(x-2y)}=\frac{(2a-b)^2}{3(x-2y)}$$

Wir vereinfachen nun den Differenzterm:

$$\frac{(2a-b)^2}{3(x-2y)}-\frac{4ab+2b^2}{2y-x}=\frac{(2a-b)^2}{3(x-2y)}-\frac{4ab+2b^2}{-(x-2y)}=$$

$$=\frac{(2a-b)^2}{3(x-2y)}+\frac{4ab+2b^2}{x-2y}=\frac{(2a-b)^2+3(4ab+2b^2)}{3(x-2y)}=$$

$$=\frac{4a^2-4ab+b^2+12ab+6b^2}{3(x-2y)}=\frac{4a^2+8ab+7b^2}{3(x-2y)}$$

Wir dividieren

$$\frac{4a^2+8ab+7b^2}{3(x-2y)}:\frac{4a^2-b^2}{2x-4y}=\frac{4a^2+8ab+7b^2}{3(x-2y)}\cdot\frac{2x-4y}{4a^2-b^2}=$$

$$=\frac{(4a^2+8ab+7b^2)\cdot 2\cdot \mathbf{(x-2y)}}{3\cdot \mathbf{(x-2y)}\cdot(2a+b)(2a-b)}=\frac{(4a^2+8ab+7b^2)\cdot 2}{3(2a+b)(2a-b)}$$

und addieren letzt Endes:

$$\frac{(4a^2+8ab+7b^2)\cdot 2}{3(2a+b)(2a-b)}+\frac{4a^2-16ab-17b^2}{3(2a+b)(2a-b)}=$$

$$=\frac{8a^2+16ab+14b^2+4a^2-16ab-17b^2}{3(2a+b)(2a-b)}=\frac{12a^2-3b^2}{3(2a+b)(2a-b)}=$$

$$=\frac{3(4a^2-b^2)}{3(2a+b)(2a-b)}=\frac{\mathbf{3(2a+b)(2a-b)}}{\mathbf{3(2a+b)(2a-b)}}=1$$

**24.** a) $x+4=0$ $\quad x=-4$ $\quad D=\mathbb{Q}\setminus\{-4\}$

b) $3x+1=0$ $\quad 3x=-1$ $\quad x=-\frac{1}{3}$ $\quad D=\mathbb{Q}\setminus\left\{-\frac{1}{3}\right\}$

c) $2+5x=0$ $\quad 5x=-2$ $\quad x=-\frac{2}{5}$ $\quad D=\mathbb{Q}\setminus\left\{-\frac{2}{5}\right\}$

d) $(x + 2)(x + 3) = 0$

(1) $x + 2 = 0$, $x = -2$ (2) $x + 3 = 0$, $x = -3$

$D = \mathbb{Q} \setminus \{-2; -3\}$

e) $(4x - 1)(5x + 3) = 0$

(1) $4x - 1 = 0$, $x = \frac{1}{4}$ (2) $5x + 3 = 0$, $x = -\frac{3}{5}$

$D = \mathbb{Q} \setminus \left\{-\frac{3}{5}; \frac{1}{4}\right\}$

f) $2x^2 - 5x = x(2x - 5)$

$x(2x - 5) = 0$

(1) $x = 0$ (2) $2x - 5 = 0$, $x = \frac{5}{2}$

$D = \mathbb{Q} \setminus \left\{0; \frac{5}{2}\right\}$

g) $x^2 - 16 = (x + 4)(x - 4)$

$(x + 4)(x - 4) = 0$

(1) $x + 4 = 0$, $x = -4$ (2) $x - 4 = 0$, $x = 4$

$D = \mathbb{Q} \setminus \{-4; 4\}$

h) $(x + 2)^2 = (x + 2)(x + 2)$

$(x + 2)(x + 2) = 0$

(1) $x + 2 = 0$, $x = -2$ (2) wie (1)

$D = \mathbb{Q} \setminus \{-2\}$

i) $2x^2 + 12x + 18 = 2(x^2 + 6x + 9) = 2(x + 3)^2$

$2(x + 3)(x + 3) = 0$

(1) $x + 3 = 0$, $x = -3$ (2) wie (1)

$D = \mathbb{Q} \setminus \{-3\}$

*Beachte:* Faktoren, die kein x enthalten, beeinflussen D nicht und können deshalb weggelassen werden!

j) $2x^3 - 18x = 2x(x^2 - 9) = 2x(x+3)(x-3)$

$x(x+3)(x-3) = 0$

(1) $x = 0$ (2) $x + 3 = 0$, $x = -3$ (3) $x - 3 = 0$, $x = 3$

$D = \mathbb{Q} \setminus \{-3; 0; 3\}$

**25.** a) 1. Nenner: $8x = 0$, $x = 0$

$D = \mathbb{Q} \setminus \{0\}$

b) 1. Nenner: $2x + 1 = 0$, $x = -\frac{1}{2}$ 2. Nenner: $3x = 0$, $x = 0$

$D = \mathbb{Q} \setminus \left\{0; -\frac{1}{2}\right\}$

c) 1. Nenner: $2x^2 - x = 0$

$x(2x - 1) = 0$

(1) $x = 0$ (2) $2x - 1 = 0$, $x = \frac{1}{2}$

2. Nenner: $4x^2 - 1 = 0$

$(2x - 1)(2x + 1) = 0$

(1) $2x - 1 = 0$, $x = \frac{1}{2}$ (2) $2x + 1 = 0$, $x = -\frac{1}{2}$

3. Nenner: $2x^2 + x = 0$

$x(2x + 1) = 0$

(1) $x = 0$ (2) $2x + 1 = 0$, $x = -\frac{1}{2}$

$D = \mathbb{Q} \setminus \left\{0; \frac{1}{2}; -\frac{1}{2}\right\}$

**26.** a) *Schritt 1: Bestimmung des HN*

$HN = x$

*Schritt 2: Ermittlung der Definitionsmenge*

$D = \mathbb{Q} \setminus \{0\}$

*Schritt 3: Multiplikation mit dem HN*

$$\frac{3}{x} + 3 = \frac{2x+6}{x} \quad | \cdot x$$

$$3 + 3x = 2x + 6 \quad | -2x - 3$$

*Schritt 4: Umformung in die Endform*

$x = 3$

*Schritt 5: Vergleich mit D*

$3 \in D$, also $L = \{3\}$

b) *Schritt 1: Bestimmung des HN*

$2x + 14 = 2(x + 7) \qquad 3x = 3x$

$HN = 2 \cdot 3 \cdot x(x + 7) = 6x(x + 7)$

*Schritt 2: Ermittlung der Definitionsmenge*

$x(x + 7) = 0$

(1) $\qquad x_1 = 0$

(2) $x + 7 = 0 \qquad x_2 = -7$

$D = \mathbb{Q} \setminus \{0; -7\}$

*Schritt 3: Multiplikation mit dem HN*

$$\frac{15}{2(x+7)} = \frac{5}{3x} \quad | \cdot 6x(x+7)$$

$$15 \cdot 3x = 5 \cdot 2(x+7)$$

*Schritt 4: Umformung in die Endform*

$$45x = 10x + 70 \quad | -10x$$

$$35x = 70 \quad | : 35$$

$$x = 2$$

*Schritt 5: Vergleich mit D*

$2 \in D$, also $L = \{2\}$

c) *Schritt 1: Bestimmung des HN*
$HN = (x - 6)(x + 6)$

*Schritt 2: Ermittlung der Definitionsmenge*
$(x - 6)(x + 6) = 0$
(1) $x - 6 = 0 \qquad x_1 = 6$
(2) $x + 6 = 0 \qquad x_2 = -6$
$D = \mathbb{Q} \setminus \{-6; 6\}$

*Schritt 3: Multiplikation mit dem HN*
$$\frac{1}{x-6} + \frac{5}{x+6} = 0 \qquad |\cdot (x-6)(x+6)$$
$1 \cdot (x+6) + 5(x-6) = 0$ *Beachte:* $0 \cdot (x-6)(x+6) = 0\,!$

*Schritt 4: Umformung in die Endform*
$$\begin{aligned} x + 6 + 5x - 30 &= 0 \\ 6x - 24 &= 0 \quad | + 24 \\ 6x &= 24 \quad | : 6 \\ x &= 4 \end{aligned}$$

*Schritt 5: Vergleich mit D*
$4 \in D$, also $L = \{4\}$

d) *Schritt 1: Bestimmung des HN*
$3 - x = (3 - x) \qquad x = x \qquad 3x - x^2 = x(3 - x) = HN$

*Schritt 2: Ermittlung der Definitionsmenge*
$x(3 - x) = 0$
(1) $\qquad x_1 = 0$
(2) $3 - x = 0 \qquad x_2 = 3$
$D = \mathbb{Q} \setminus \{0; 3\}$

*Schritt 3: Multiplikation mit dem HN*
$$\frac{2}{3-x} + \frac{3}{x} = \frac{8-x}{x(3-x)} \qquad |\cdot x(3-x)$$
$2 \cdot x + 3(3 - x) = 8 - x$

*Schritt 4: Umformung in die Endform*
$$\begin{aligned} 2x + 9 - 3x &= 8 - x \\ -x + 9 &= 8 - x \quad | + x - 9 \\ 0 &= -1 \text{ (f)} \end{aligned}$$

*Schritt 5: Vergleich mit D*
Die Endform ist eine unlösbare Gleichung, also ist $L = \{\}$.

e) *Schritt 1: Bestimmung des HN*
$HN = (2x+3)(2x-3) = 0$

*Schritt 2: Ermittlung der Definitionsmenge*
$(2x+3)(2x-3) = 0$

(1) $2x + 3 = 0 \qquad 2x = -3 \qquad x_1 = -\frac{3}{2}$

(2) $2x - 3 = 0 \qquad 2x = 3 \qquad x_2 = \frac{3}{2}$

$D = \mathbb{Q} \setminus \left\{ -\frac{3}{2}; \frac{3}{2} \right\}$

*Schritt 3: Multiplikation mit dem HN*

$$\frac{x+3}{2x+3} + \frac{x}{2x-3} = 1 \qquad | \cdot (2x+3)(2x-3)$$

$(x+3)(2x-3) + x(2x+3) = 1(2x+3)(2x-3)$

*Schritt 4: Umformung in die Endform*

$$2x^2 + 6x - 3x - 9 + 2x^2 + 3x = 4x^2 - 9$$
$$4x^2 + 6x - 9 = 4x^2 - 9 \qquad | -4x^2 + 9$$
$$6x = 0 \qquad |:6$$
$$x = 0$$

*Schritt 5: Vergleich mit D*
$0 \in D$, also $L = \{0\}$

f) *Schritt 1: Bestimmung des HN*
$4x^2 - 1 = (2x+1)(2x-1) \qquad 5x = 5 \cdot x$
$5 - 10x = 5(1-2x) = -5(2x-1)$
$HN = 5x(2x+1)(2x-1)$

*Schritt 2: Ermittlung der Definitionsmenge*
$x(2x+1)(2x-1) = 0$

(1) $x = 0 \qquad x_1 = 0$

(2) $2x + 1 = 0 \qquad 2x = -1 \qquad x_2 = -\frac{1}{2}$

(3) $2x - 1 = 0 \qquad 2x = 1 \qquad x_3 = \frac{1}{2}$

$D = \mathbb{Q} \setminus \left\{ -\frac{1}{2}; 0; \frac{1}{2} \right\}$

*Schritt 3: Multiplikation mit dem HN*

$$\frac{4x-1}{(2x-1)(2x-1)} = \frac{9}{5x} + \frac{8}{-5(2x-1)} \qquad |\cdot 5x(2x+1)(2x-1)$$

$$(4x-1)\cdot 5x = 9\cdot(2x+1)(2x-1) - 8\cdot x(2x+1)$$

*Schritt 4: Umformung in die Endform*

$$20x^2 - 5x = 9(4x^2-1) - 8x(2x+1)$$

$$20x^2 - 5x = 36x^2 - 9 - 16x^2 - 8x$$

$$20x^2 - 5x = 20x^2 - 8x - 9 \qquad |-20x^2+8x$$

$$3x = -9 \qquad |:3$$

$$x = -3$$

*Schritt 5: Vergleich mit D*

$-3 \in D$, also $L = \{-3\}$

g) *Schritt 1: Bestimmung des HN*

$2x^2 - x = x(2x-1)$ $\quad 6x-3 = 3(2x-1)$ $\quad 3x = 3x$

$4x^2 - 1 = (2x+1)(2x-1)$ $\quad HN = 3x(2x+1)(2x-1)$

*Schritt 2: Ermittlung der Definitionsmenge*

$x(2x+1)(2x-1) = 0$

(1) $x = 0$ $\qquad x_1 = 0$

(2) $2x+1 = 0$ $\qquad 2x = -1$ $\qquad x_2 = -\frac{1}{2}$

(3) $2x-1 = 0$ $\qquad 2x = 1$ $\qquad x_3 = \frac{1}{2}$

$$D = \mathbb{Q} \setminus \left\{-\frac{1}{2}; 0; \frac{1}{2}\right\}$$

*Schritt 3: Multiplikation mit dem HN*

$$\frac{1-x}{x(2x-1)} - \frac{2}{3(2x-1)} + \frac{4}{3x} - \frac{1+2x}{(2x+1)(2x-1)} = 0 \qquad |\cdot 3x(2x+1)(2x-1)$$

$$(1-x)\cdot 3(2x+1) - 2x(2x+1) + 4(2x+1)(2x-1) - (1+2x)\cdot 3x = 0$$

*Schritt 4: Umformung in die Endform*

$$(1-x)(6x+3) - 4x^2 - 2x + 4(4x^2-1) - 3x(1+2x) = 0$$

$$6x - 6x^2 + 3 - 3x - 4x^2 - 2x + 16x^2 - 4 - 3x - 6x^2 = 0$$

$$-2x - 1 = 0 \qquad |+1$$

$$-2x = 1 \qquad |:(-2)$$

$$x = -\frac{1}{2}$$

*Schritt 5: Vergleich mit D*

$-\frac{1}{2} \notin D$! Also L = { }

**27.** a) *Schritt 1: Bestimmung des HN*

HN = 2ab

*Schritt 2: Bedingungen für die Variablen*

(1) $a \neq 0$

(2) $b \neq 0$

*Schritt 3: Multiplikation mit dem HN*

$$\frac{1}{a} + \frac{1}{b} = \frac{1}{2} \quad \left| \cdot 2ab \right.$$

bereits gekürzt: $1 \cdot 2b + 1 \cdot 2a = 1 \cdot ab$

*Schritt 4: Umformung in die Endform*

- $2b + 2a = ab \quad \left| -2b - ab \right.$

  $2a - ab = -2b$

- $a(2-b) = -2b \quad \left| :(2-b) \right.$

- Bedingung: $2 - b \neq 0$ d. h. $b \neq 2$

- $a = \frac{-2b}{2-b}$

*Schritt 5: Angabe des Lösungsterms*

Lösungsterm: $a = \frac{2b}{b-2}$ mit $b \neq 0$, $b \neq 2$ und $a \neq 0$

b) *Schritt 1: Bestimmung des HN*

HN = (a – b)c

*Schritt 2: Bedingungen für die Variablen*

(1) $a - b \neq 0 \qquad a \neq b$

(2) $c \neq 0$

*Schritt 3: Multiplikation mit dem HN*

$$\frac{a}{a-b} = \frac{c-b}{c} \quad \left| \cdot (a-b)c \right.$$

$$a \cdot c = (c - b) \cdot (a - b)$$

*Schritt 4: Umformung in die Endform*

- $ac = ac - ab - bc + b^2$
- $ab = b^2 - bc \quad | : b$

- Bedingung: $b \neq 0$
- $a = \dfrac{b^2 - bc}{b} = \dfrac{\mathbf{b} \cdot (b - c)}{\mathbf{b} \cdot 1} = b - c$

*Schritt 5: Angabe des Lösungsterms*
Lösungsterm: $a = b - c$ mit $b \neq 0$, $c \neq 0$ und $a \neq b$

c) *Schritt 1: Bestimmung des HN*
HN = $(a + 2b)(a - 2b)$

*Schritt 2: Bedingungen für die Variablen*
(1) $a + 2b \neq 0$ d.h. $a \neq -2b$ (2) $a - 2b \neq 0$ d.h. $a \neq 2b$

*Schritt 3: Multiplikation mit dem HN*

$$\frac{b}{a+2b} - \frac{2}{a-2b} = 0 \qquad \Big| \cdot (a+2b)(a-2b)$$

$$b \cdot (a - 2b) - 2 \cdot (a + 2b) = 0 \cdot (a + 2b)(a - 2b)$$

*Schritt 4: Umformung in die Endform*

- $ab - 2b^2 - 2a - 4b = \mathbf{0} \qquad \Big| + 2b^2 + 4b$

$$ab - 2a = 2b^2 + 4b$$

$$a(b - 2) = 2b^2 + 4b \qquad \Big| : (b - 2)$$

- Bedingung: $b - 2 \neq 0$ d.h. $b \neq 2$
- $a = \dfrac{2b^2 + 4b}{b - 2} = \dfrac{2b(b + 2)}{b - 2}$ (Kürzen ist nicht möglich!)

*Schritt 5: Angabe des Lösungsterms*

Lösungsterm: $a = \dfrac{2b(b + 2)}{b - 2}$ mit $b \neq 2$ und $a \neq -2b$, $a \neq 2b$

d) *Schritt 1: Bestimmung des HN*
$a - b = (a - b)$ $ax - bx = x(a - b) = \text{HN}$

*Schritt 2: Bedingungen für die Variablen*
$x(a - b) \neq 0$ (1) $x \neq 0$ (2) $a - b \neq 0$ d.h. $a \neq b$

*Schritt 3: Multiplikation mit dem HN*

$$\frac{b}{a-b} - \frac{ab}{x(a-b)} = 1 \qquad \Big| \cdot x(a-b)$$

$$b \cdot x - ab = 1 \cdot x(a - b)$$

*Schritt 4: Umformung in die Endform*

- $bx - ab = ax - bx \quad | - bx - ax$
  $-ab - ax = -2bx$
- $a(-b - x) = -2bx \quad | : (-b - x)$
- Bedingung: $-b - x \neq 0$, d. h. $x \neq -b$
- $a = \frac{-2bx}{-b - x} = \frac{-2bx}{-(b + x)} = \frac{2bx}{b + x}$

*Schritt 5: Angabe des Lösungsterms*

Lösungsterm: $a = \frac{2bx}{b + x}$ mit $x \neq 0$, $x \neq -b$ und $a \neq b$

e) *Schritt 1: Bestimmung des HN*

$a - b = (a - b) \quad a + b = (a + b)$

$b^2 - a^2 = -(a^2 - b^2) = -(a - b)(a + b)$

$HN = (a - b)(a + b)$

*Schritt 2: Bedingungen für die Variablen*

$(a - b)(a + b) \neq 0$

(1) $a - b \neq 0$ d.h. $a \neq b$ (2) $a + b \neq 0$ d.h. $a \neq -b$

*Schritt 3: Multiplikation mit dem HN*

$$\frac{2a}{a - b} - \frac{2a}{a + b} = \frac{5b}{-(a - b)(a + b)} \quad \Big| \cdot (a - b)(a + b)$$

$2a \cdot (a + b) - 2a(a - b) = -5b$

*Schritt 4: Umformung in die Endform*

- $2a^2 + 2ab - 2a^2 + 2ab = -5b$
- $4ab = -5b \quad | : 4b$
- Bedingung: $4b \neq 0$ d.h. $b \neq 0$
- $a = \frac{-5b}{4b} = -\frac{5 \cdot b}{4 \cdot b} = -\frac{5}{4}$

*Schritt 5: Angabe des Lösungsterms*

Lösungsterm: $a = -\frac{5}{4}$ mit $b \neq 0$ und $a \neq b$, $a \neq -b$

**28.** a) *Schritt 1: Festlegung der Unbekannten*
Nenner des Bruches sei x.

*Schritt 2: Darstellung weiterer Größen*
Zähler des Bruches: x – 6

Bruch: $\frac{x-6}{x}$ $(x \neq 0)$

neuer Bruch: $\frac{x-6+\mathbf{20}}{x-\mathbf{6}} = \frac{x+14}{x-6}$ $(x \neq 6)$

Kehrwert des ursprüngl. Bruches: $\frac{x}{x-6}$

*Schritt 3: Aufstellung der Gleichung*

$$\frac{x+14}{x-6} = \frac{x}{x-6} + 2$$

*Schritt 4: Lösen der Bruchgleichung*
HN = x – 6 D = $\mathbb{Z}\setminus\{0; 6\}$

$$\frac{x+14}{x-6} = \frac{x}{x-6} + 2 \quad |\cdot(x-6) \qquad x \neq 6$$
$$x+14 = x+2(x-6)$$
$$x+14 = x+2x-12$$
$$x+14 = 3x-12 \quad |-3x-14$$
$$-2x = -26 \quad |:(-2)$$
$$x = 13$$

*Schritt 5: Antwort*

Zähler: 13 – 6 = 7 Der Bruch heißt $\frac{7}{13}$.

*Schritt 6: Überprüfung der Lösung*

neuer Bruch: $\frac{7+20}{13-6} = \frac{27}{7}$

Kehrwert des ursprüngl. Bruches: $\frac{13}{7}$

$$\frac{13}{7} + 2 = \frac{13}{7} + \frac{14}{7} = \frac{27}{7} \quad (w)$$

b) *Schritt 1: Festlegung der Unbekannten*
Nenner des Bruches sei x.

*Schritt 2: Darstellung weiterer Größen*
Zähler: x + 45
Bruch: $\frac{x+45}{x}$ $(x \neq 0)$

*Schritt 3: Aufstellung der Gleichung*
$$\frac{x+45}{x} = \frac{7}{4}$$

*Schritt 4: Lösen der Bruchgleichung*
HN = 4x  D = $\mathbb{Z}\setminus\{0\}$

$$\frac{x+45}{x} = \frac{7}{4} \quad |\cdot 4x$$
$$(x+45)\cdot 4 = 7x$$
$$4x + 180 = 7x \quad |-7x-180$$
$$-3x = -180 \quad |:(-3)$$
$$x = 60$$

*Schritt 5: Antwort*
Zähler: 60 + 45 = 105  Der Bruch heißt $\frac{105}{60}$.

*Schritt 6: Überprüfung der Lösung*
$$\frac{105}{60} = \frac{7\cdot 15}{4\cdot 15} = \frac{7}{4} \quad (w)$$

c) *Schritt 1: Festlegung der Unbekannten*
Die gesuchte Zahl sei x.

*Schritt 2: Darstellung weiterer Größen*
Zähler: 15 + x
Nenner: 37 + x
Bruch: $\frac{15+x}{37+x}$

*Schritt 3: Aufstellung der Gleichung*
$$\frac{15+x}{37+x} = \frac{3}{5}$$

*Schritt 4: Lösen der Bruchgleichung*

HN = 5(37 + x)  D = $\mathbb{Z}\setminus\{-37\}$

$$\frac{15+x}{37+x}=\frac{3}{5} \qquad |\cdot 5(37+x)$$

$$(15+x)\cdot 5 = 3\cdot(37+x)$$

$$75+5x = 111+3x \qquad |-3x-75$$

$$2x = 36 \qquad |:2$$

$$x = 18$$

*Schritt 5: Antwort*

Die Zahl heißt 18.

*Schritt 6: Überprüfung der Lösung*

$$\frac{15+18}{37+18}=\frac{33}{55}=\frac{3}{5} \quad \text{(w)}$$

d) *Schritt 1: Festlegung der Unbekannten*

Zähler des Bruches sei x.

*Schritt 2: Darstellung weiterer Größen*

Nenner des Bruches: x + 4

Bruch: $\frac{x}{x+4}$ $(x \neq -4)$

neuer Bruch: $\frac{x+7}{x+4+11}=\frac{x+7}{x+15}$ $(x \neq -15)$

*Schritt 3: Aufstellung der Gleichung*

$$\frac{x}{x+4}=\frac{x+7}{x+15}$$

*Schritt 4: Lösen der Bruchgleichung*

HN = (x + 4)(x + 15)  D = $\mathbb{Z}\setminus\{-4; -15\}$

$$\frac{x}{x+4}=\frac{x+7}{x+15} \qquad |(x+4)(x+15)$$

$$x(x+15) = (x+7)(x+4)$$

$$x^2+15x = x^2+7x+4x+28 \qquad |-x^2$$

$$15x = 11x+28 \qquad |-11x$$

$$4x = 28 \qquad |:4$$

$$x = 7$$

*Schritt 5: Antwort*

Nenner: 7 + 4 = 11  Der Bruch heißt $\frac{7}{11}$.

*Schritt 6: Überprüfung der Lösung*

$$\frac{7+7}{11+11} = \frac{14}{22} = \frac{7}{11}$$

e) *Schritt 1: Festlegung der Unbekannten*

Der Zähler sei x.

*Schritt 2: Darstellung weiterer Größen*

Nenner: $24 - x$

Bruch: $\frac{x}{24-x}$ $(x \neq 24)$

neuer Bruch: $\frac{x-18}{24-x+6} = \frac{x-18}{30-x}$ $(x \neq 30)$

Kehrwert des neuen Bruches: $\frac{30-x}{x-18}$ $(x \neq 18)$

*Schritt 3: Aufstellung der Gleichung*

$$\frac{30-x}{x-18} = \frac{x}{24-x}$$

*Schritt 4: Lösen der Bruchgleichung*

$HN = (x-18)(24-x)$ $D = \mathbb{Z}\backslash\{18; 24; 30\}$

$$\begin{aligned} \frac{30-x}{x-18} &= \frac{x}{24-x} && |\cdot (x-18)(24-x) \\ (30-x)(24-x) &= x(x-18) \\ 720 - 30x - 24x + x^2 &= x^2 - 18x && |-x^2 \\ 720 - 54x &= -18x && |+18x - 720 \\ -36x &= -720 && |:(-36) \\ x &= 20 \end{aligned}$$

*Schritt 5: Antwort*

Nenner: $24 - 20 = 4$ Der Bruch heißt $\frac{20}{4}$.

*Schritt 6: Überprüfung der Lösung*

neuer Bruch: $\frac{20-18}{4+6} = \frac{2}{10}$

Kehrwert: $\frac{10}{2} = \frac{20}{4}$ (w)

f) *Schritt 1: Festlegung der Unbekannten*
Der Zähler sei x.

*Schritt 2: Darstellung weiterer Größen*
Nenner: $3x$

Bruch: $\frac{x}{3x}$ $(x \neq 0)$

neuer Bruch: $\frac{x-5}{3x+5}$

*Schritt 3: Aufstellung der Gleichung*

$$\frac{x-5}{3x+5} = \frac{1}{8}$$

*Schritt 4: Lösen der Bruchgleichung*
HN = $8(3x + 5)$ D = $\mathbb{Z}\setminus\{0\}$

$$\frac{x-5}{3x+5} = \frac{1}{8} \qquad |\cdot 8(3x+5)$$
$$(x-5)\cdot 8 = 1\cdot(3x+5)$$
$$8x - 40 = 3x + 5 \qquad |-3x+40$$
$$5x = 45 \qquad |:5$$
$$x = 9$$

*Schritt 5: Antwort*
Nenner: $3 \cdot 9 = 27$ Der Nenner des ursprünglichen Bruches heißt 27.

*Schritt 6: Überprüfung der Lösung*

Bruch: $\frac{9}{27}$

neuer Bruch: $\frac{9-5}{27+5} = \frac{4}{32} = \frac{1}{8}$

**29.** a) $11 - 2(x+1) > 7 - 3(x-8)$
$$11 - 2x - 2 > 7 - 3x + 24$$
$$9 - 2x > 31 - 3x \qquad |+3x-9$$
$$x > 22$$

$L = ]22; \infty[$

b) $x - (11 - 2x) < 1 - 4(1 - x)$

$$x - 11 + 2x < 1 - 4 + 4x$$

$$3x - 11 < -3 + 4x \qquad |-4x + 11$$

$$-x < 8 \qquad |\cdot(-1) < 0$$

$$x > -8$$

Relationszeichen vertauschen!

$L = ]-8; \infty[$

c) $0{,}3 - \left(-\frac{7}{10}x + 10\right) \leq 0{,}1 + 1{,}4(-1 + x)$

$$0{,}3 + 0{,}7x - 10 \leq 0{,}1 - 1{,}4 + 1{,}4x$$

Punkt geht vor Strich

$$0{,}7x - 9{,}7 \leq 1{,}4x - 1{,}3 \qquad |-1{,}4x + 9{,}7$$

$$-0{,}7x \leq 8{,}4 \qquad |:(-0{,}7) < 0$$

$$x \geq -\frac{8{,}4}{0{,}7}$$

Relationszeichen vertauschen!

$$x \geq -\frac{84}{7}$$

$$x \geq -12$$

$L = [-12; \infty[$

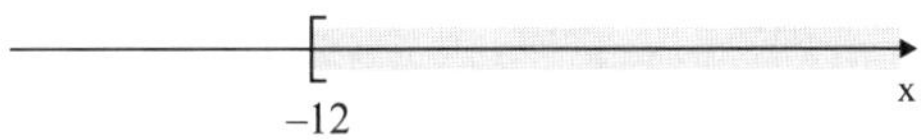


d) $\frac{3}{5} + \frac{4}{5}(-x - 1) \geq \frac{3}{5} - 0{,}4(-4 - x)$

$$0{,}6 - 0{,}8x - 0{,}8 \geq 0{,}6 + 1{,}6 + 0{,}4x$$

Punkt geht vor Strich

$$-0{,}8x - 0{,}2 \geq 0{,}4x + 2{,}2 \qquad |-0{,}4x + 0{,}2$$

$$-1{,}2x \geq 2{,}4 \qquad |:(-1{,}2) < 0$$

$$x \leq -\frac{2{,}4}{1{,}2}$$

Relationszeichen vertauschen!

$$x \leq -\frac{24}{12}$$

$$x \leq -2$$

$L = ]-\infty; -2]$

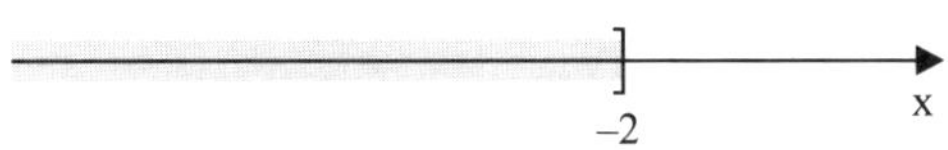

e) $12 - 4(x^2 - 3x) \leq 2x(7 - 2x) - 18$

$12 - 4x^2 + 12x \leq 14x - 4x^2 - 18 \quad | + 4x^2 - 14x - 12$

$-2x \leq -30 \quad | : (-2) < 0$ Relationszeichen vertauschen!

$x \geq 15$

$L = [15; \infty[$

**30.** a) $x - 7 \leq 0 \quad | + 7$

$x \leq 7$

$L_1 = ]-\infty; 7]$

$5 + x \geq 0 \quad | - 5$

$x \geq -5$

$L_2 = [-5; \infty[$

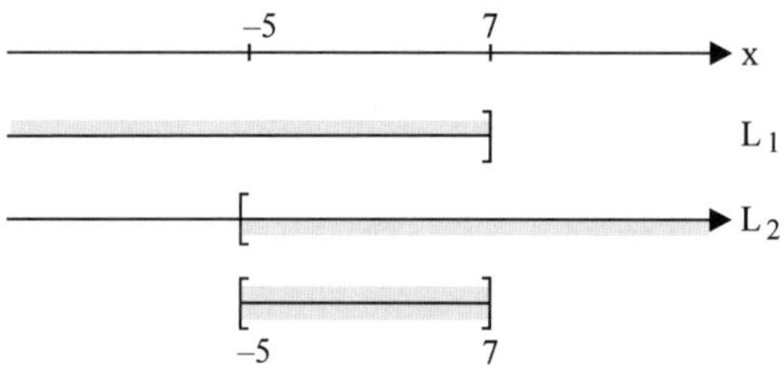


$L = L_1 \cap L_2 = [-5; 7]$

b) $3x - 6 > 0 \quad | + 6$

$3x > 6 \quad | : 3$

$x > 2$

$L_1 = ]2; \infty[$

$-2x > -10 \quad | : (-2) < 0!$

$x < 5$

$L_2 = ]-\infty; 5[$

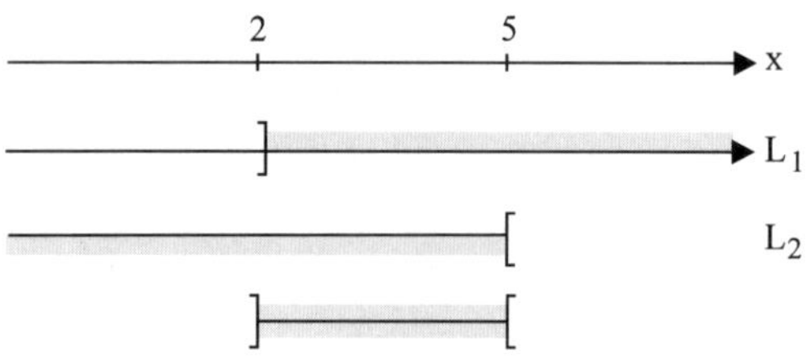


$L = L_1 \cap L_2 = ]2; 5[$

c) $5 + 3x < 0 \quad | - 5$

$3x < -5 \quad | : 3$

$x < -\frac{5}{3}$

$L_1 = \left]-\infty; -\frac{5}{3}\right[$

$12 + 3x \geq 0 \quad | - 12$

$3x \geq -12 \quad | : 3$

$x \geq -4$

$L_2 = [-4; \infty[$

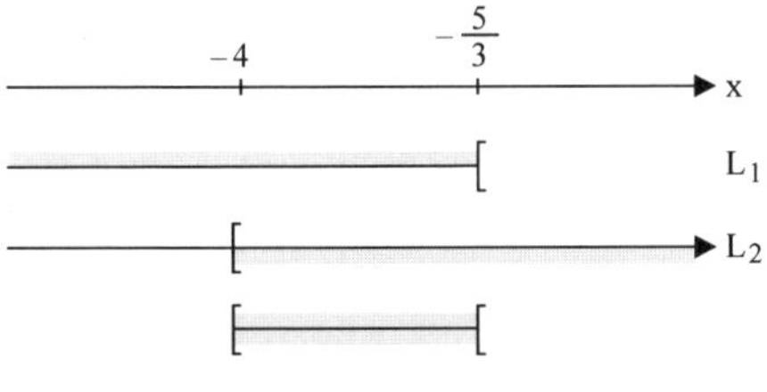


$$L = L_1 \cap L_2 = \left[-4; -\frac{5}{3}\right[$$

Achte auf die richtige Reihenfolge:

Wegen $-4 < -\frac{5}{3}$ steht $-4$ links und $-\frac{5}{3}$ rechts.

d) $x < 17 - 3x \quad |+3x$

$4x < 17 \quad |:4$

$x < \frac{17}{4}$

$L_1 = \left]-\infty; \frac{17}{4}\right[$

$\frac{7}{2}x + \frac{1}{2} < \frac{1}{2} \quad \left|-\frac{1}{2}\right.$

$\frac{7}{2}x < 0 \quad \left|:\frac{7}{2}\right.$

$x < 0$

$L_2 = ]-\infty; 0[$

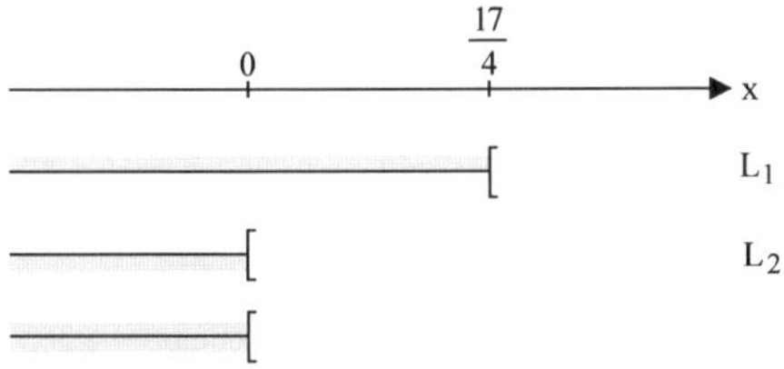


$$L = L_1 \cap L_2 = ]-\infty; 0[$$

e) $2 - 3x < 2x - 3 \quad |-2x-2$

$-5x < -5 \quad |:(-5) < 0$

$x > 1$

$2 + \frac{5}{3}x \geq -x + 2 \quad |+x-2$

$\frac{5}{3}x + x \geq 0$

$\frac{8}{3}x \geq 0 \quad \left|:\frac{8}{3}\right.$

$x \geq 0$

$L_1 = ]1; \infty[$

$L_2 = [0; \infty[$

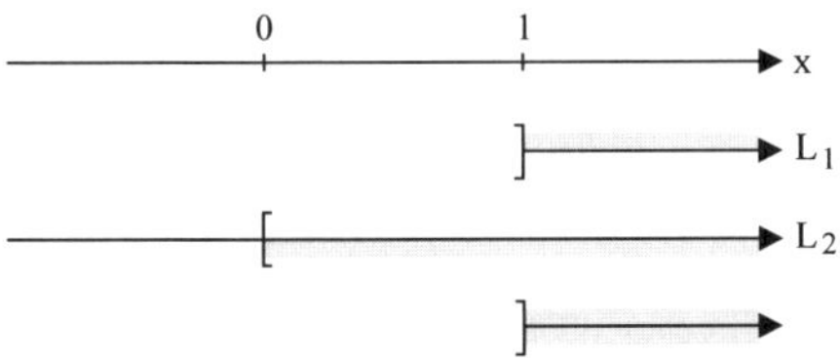


$$L = L_1 \cap L_2 = ]1; \infty[$$

**31.** a) $(x-1)(x-2) > 0$

*Schritt 1: Fallunterscheidung*

1. Fall: $x - 1 > 0$ und $x - 2 > 0$
2. Fall: $x - 1 < 0$ und $x - 2 < 0$

*Schritt 2: Ungleichungen für den 1. Fall*

(1a) $x - 1 > 0 \quad |+1$
$x > 1$
$L_{1a} = ]1; \infty[$

(1b) $x - 2 > 0 \quad |+2$
$x > 2$
$L_{1b} = ]2; \infty[$

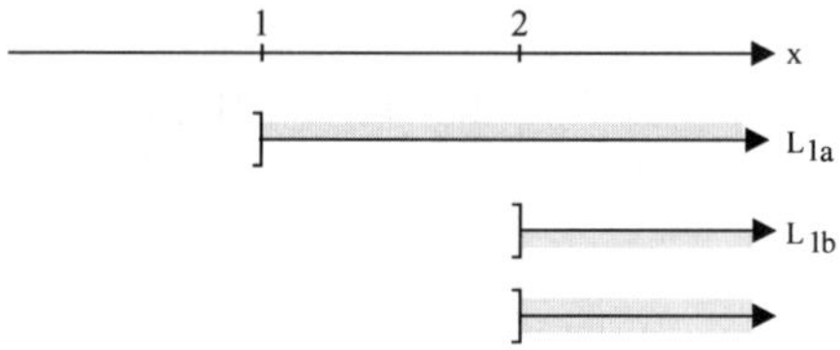


$L_1 = L_{1a} \cap L_{1b} = ]2; \infty[$

*Schritt 3: Ungleichungen für den 2. Fall*

(2a) $x - 1 < 0 \quad |+1$
$x < 1$
$L_{2a} = ]-\infty; 1[$

(2b) $x - 2 < 0 \quad |+2$
$x < 2$
$L_{2b} = ]-\infty; 2[$

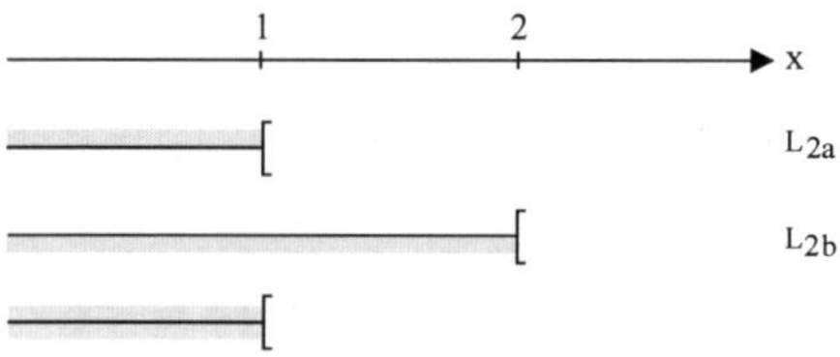


$L_2 = L_{2a} \cap L_{2b} = ]-\infty; 1[$

*Schritt 4: Bestimmung der Gesamtlösungsmenge*

$L = L_1 \cup L_2 = ]-\infty; 1[ \cup ]2; \infty[$

b) $(x-4)(x+2) < 0$

*Schritt 1: Fallunterscheidung*

1. Fall: $x - 4 > 0$ und $x + 2 < 0$
2. Fall: $x - 4 < 0$ und $x + 2 > 0$

*Schritt 2: Ungleichungen für den 1. Fall*

(1a) $x - 4 > 0 \quad |+4$
$x > 4$
$L_{1a} = ]4; \infty[$

(1b) $x + 2 < 0 \quad |-2$
$x < -2$
$L_{1b} = ]-\infty; -2[$

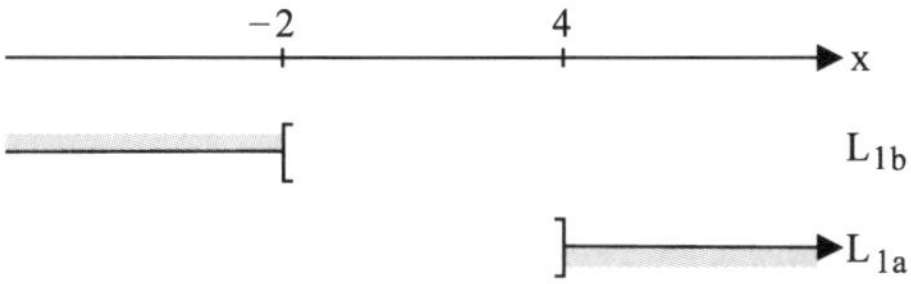


$L_1 = L_{1a} \cap L_{1b} = \{\ \}$

*Schritt 3: Ungleichungen für den 2. Fall*

| | |
|---|---|
| (2a) $x - 4 < 0$ | (2b) $x + 2 > 0$ |
| $x < 4$ | $x > -2$ |
| $L_{2a} = ]-\infty; 4[$ | $L_{2b} = ]-2; \infty[$ |

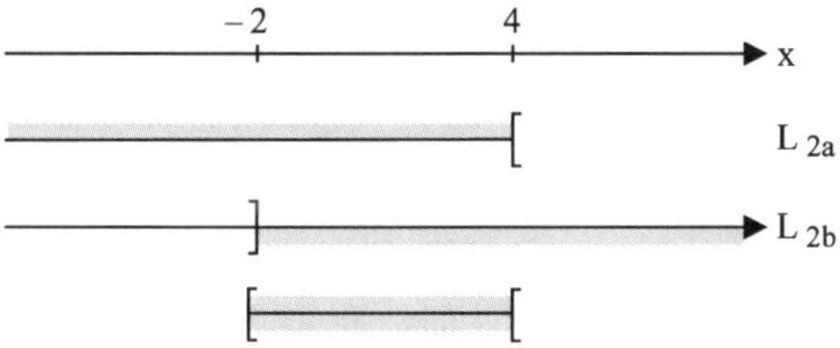


$L_2 = L_{2a} \cap L_{2b} = ]-2; 4[$

*Schritt 4: Bestimmung der Gesamtlösungsmenge*

$L = L_1 \cup L_2 = \{\ \} \cup ]-2; 4[ = ]-2; 4[$

c) $(x + 8)(x - 3) \geq 0$

*Schritt 1: Fallunterscheidung*

1. Fall: $x + 8 \geq 0$ und $x - 3 \geq 0$
2. Fall: $x + 8 \leq 0$ und $x - 3 \leq 0$

*Schritt 2: Ungleichungen für den 1. Fall*

| | |
|---|---|
| (1a) $x + 8 \geq 0 \quad | -8$ | (1b) $x - 3 \geq 0 \quad | +3$ |
| $x \geq -8$ | $x \geq 3$ |
| $L_{1a} = [-8; \infty[$ | $L_{1b} = [3; \infty[$ |

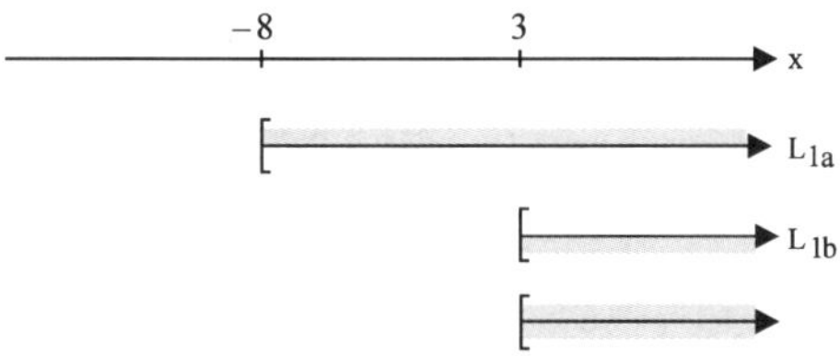


$L_1 = L_{1a} \cap L_{1b} = [3; \infty[$

*Schritt 3: Ungleichungen für den 2. Fall*

| | |
|---|---|
| (2a) $x + 8 \leq 0$ | (2b) $x - 3 \leq 0$ |
| $x \leq -8$ | $x \leq 3$ |
| $L_{2a} = ]-\infty; -8]$ | $L_{2b} = ]-\infty; 3]$ |

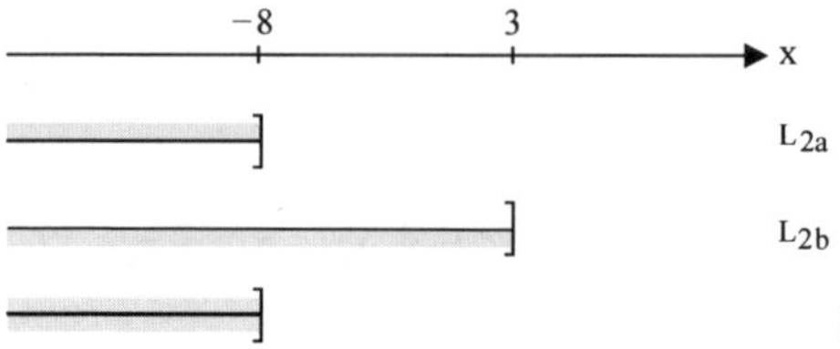


$L_2 = L_{2a} \cap L_{2b} = ]-\infty; -8]$

*Schritt 4: Bestimmung der Gesamtlösungsmenge*

$L = L_1 \cup L_2 = ]-\infty; -8] \cup [3; \infty[$

d) $x(2x - 7) \leq 0$

*Schritt 1: Fallunterscheidung*

1. Fall: $x \geq 0$ und $2x - 7 \leq 0$

2. Fall: $x \leq 0$ und $2x - 7 \geq 0$

*Schritt 2: Ungleichungen für den 1. Fall*

(1a) $x \geq 0$

(1b) $2x - 7 \leq 0$

$2x \leq 7$

$x \leq \frac{7}{2}$

$L_{1a} = [0; \infty[$

$L_{1b} = \left]-\infty; \frac{7}{2}\right]$

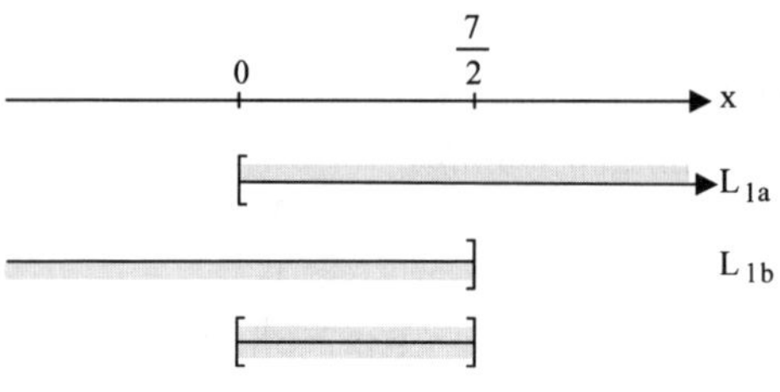


$L_1 = L_{1a} \cap L_{1b} = \left[0; \frac{7}{2}\right]$

*Schritt 3: Ungleichungen für den 2. Fall*

(2a) $x \leq 0$

(2b) $2x - 7 \geq 0$

$2x \geq 7$

$x \geq \frac{7}{2}$

$L_{2a} = ]-\infty; 0]$

$L_{2b} = \left[\frac{7}{2}; \infty\right[$

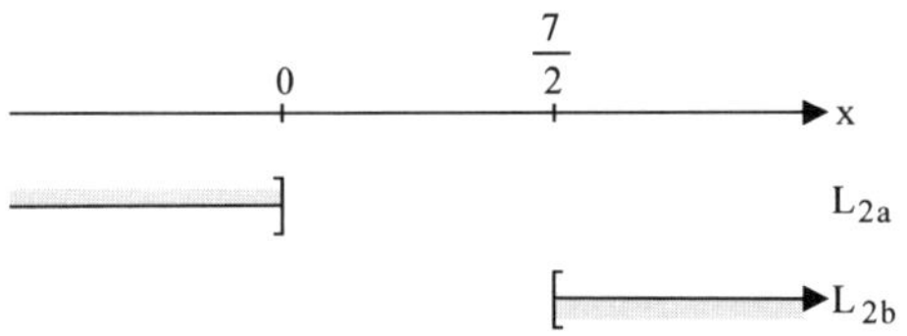

$L_2 = L_{2a} \cap L_{2b} = \{\ \}$

*Schritt 4: Bestimmung der Gesamtlösungsmenge*

$$L = L_1 \cup L_2 = \left[0; \frac{7}{2}\right] \cup \{\ \} = \left[0; \frac{7}{2}\right]$$

e) $(9 - 3x)(2 - 5x) > 0$

*Schritt 1: Fallunterscheidung*

1. Fall: $9 - 3x > 0$ und $2 - 5x > 0$

2. Fall: $9 - 3x < 0$ und $2 - 5x < 0$

*Schritt 2: Ungleichungen für den 1. Fall*

| (1a) | | (1b) | |
|---|---|---|---|
| $9 - 3x > 0$ | $\mid -9$ | $2 - 5x > 0$ | $\mid -2$ |
| $-3x > -9$ | $\mid :(-3)!$ | $-5x > -2$ | $\mid :(-5)!$ |
| $x < 3$ | | $x < \frac{2}{5}$ | |
| $L_{1a} = ]-\infty; 3[$ | | $L_{1b} = \left]-\infty; \frac{2}{5}\right[$ | |

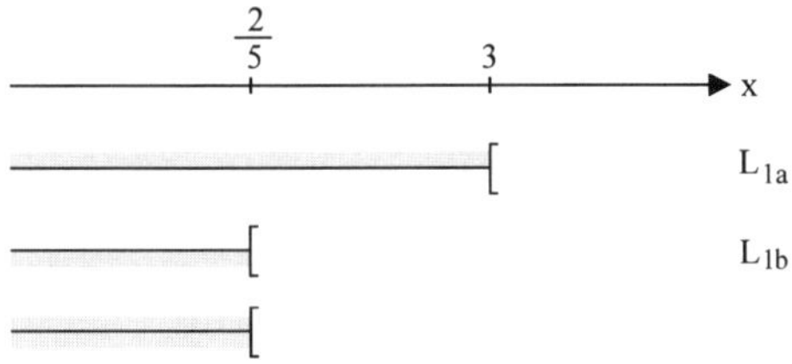

$L_1 = L_{1a} \cap L_{1b} = \left[-\infty; \frac{2}{5}\right[$

*Schritt 3: Ungleichungen für den 2. Fall*

| (2a) | | (2b) | |
|---|---|---|---|
| $9 - 3x < 0$ | $\mid -9$ | $2 - 5x < 0$ | $\mid -2$ |
| $-3x < -9$ | $\mid :(-3)$ | $-5x < -2$ | $\mid :(-5)$ |
| $x > 3$ | | $x > \frac{2}{5}$ | |
| $L_{2a} = ]3; \infty[$ | | $L_{2b} = \left]\frac{2}{5}; \infty\right[$ | |

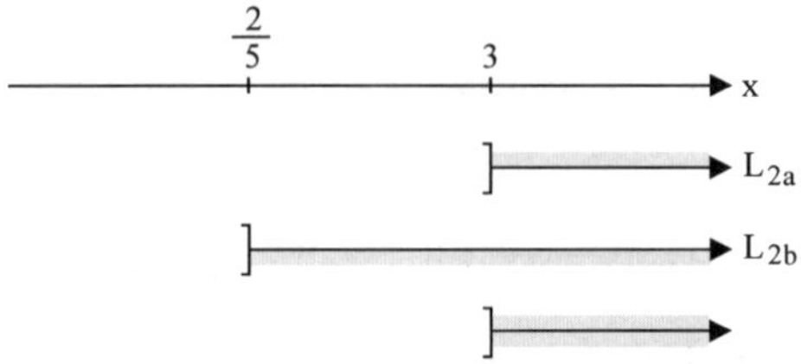

$$L_2 = L_{2a} \cap L_{2b} = ]3;\, \infty[$$

*Schritt 4: Bestimmung der Gesamtlösungsmenge*

$$L = L_1 \cup L_2 = \left]-\infty;\, \frac{2}{5}\right[ \cup\, ]3;\, \infty[$$

f) $(4x + 7)(11 - 3x) \le 0$

*Schritt 1: Fallunterscheidung*

1. Fall: $4x + 7 \ge 0$ und $11 - 3x \le 0$
2. Fall: $4x + 7 \le 0$ und $11 - 3x \ge 0$

*Schritt 2: Ungleichungen für den 1. Fall*

(1a) $4x + 7 \ge 0 \quad |-7$

$4x \ge -7 \quad |:4$

$x \ge -\frac{7}{4}$

$L_{1a} = \left]-\frac{7}{4};\, \infty\right[$

(1b) $11 - 3x \le 0 \quad |-11$

$-3x \le -11 \quad |:(-3)$

$x \ge \frac{11}{3}$

$L_{1b} = \left[\frac{11}{3};\, \infty\right[$

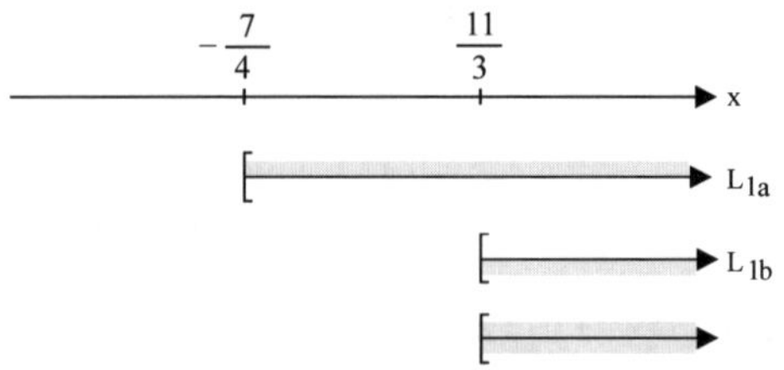

$$L_1 = L_{1a} \cap L_{1b} = \left[\frac{11}{3};\, \infty\right[$$

*Schritt 3: Ungleichungen für den 2. Fall*

(2a) $4x + 7 \le 0$

$4x \le -7$

$x \le -\frac{7}{4}$

$L_{2a} = \left]-\infty;\, -\frac{7}{4}\right]$

(2b) $11 - 3x \ge 0$

$-3x \ge -11$

$x \le \frac{11}{3}$

$L_{2b} = \left]-\infty;\, \frac{11}{3}\right]$

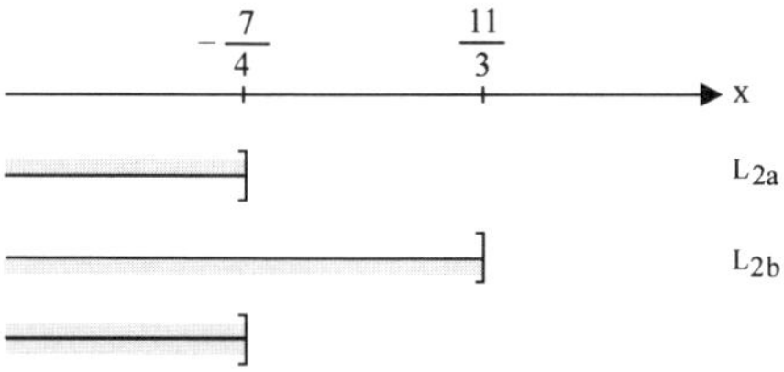


$$L_2 = L_{2a} \cap L_{2b} = \left]-\infty; -\frac{7}{4}\right]$$

*Schritt 4: Bestimmung der Gesamtlösungsmenge*

$$L = L_1 \cup L_2 = \left]-\infty; -\frac{7}{4}\right] \cup \left[\frac{11}{3}; \infty\right[$$

**32.** a) $\frac{x-2}{x+3} > 0$

*Schritt 1: Bestimmung der Definitionsmenge*

$x + 3 = 0 \quad x = -3 \quad D = \mathbb{Q} \setminus \{-3\}$

*Schritt 2: Fallunterscheidung*

1. Fall: $x - 2 > 0$ und $x + 3 > 0$
2. Fall: $x - 2 < 0$ und $x + 3 < 0$

*Schritt 3: Ungleichungen für den 1. Fall*

| | |
|---|---|
| (1a) $x - 2 > 0$ | (1b) $x + 3 > 0$ |
| $x > 2$ | $x > -3$ |
| $L_{1a} = ]2; \infty[$ | $L_{1b} = ]-3; \infty[$ |

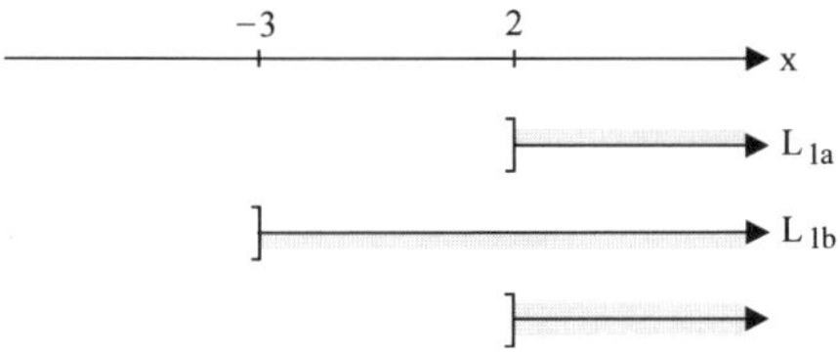


$$L_1 = L_{1a} \cap L_{1b} = ]2; \infty[$$

*Schritt 4: Ungleichungen für den 2. Fall*

| | |
|---|---|
| (2a) $x - 2 < 0$ | (2b) $x + 3 < 0$ |
| $x < 2$ | $x < -3$ |
| $L_{2a} = ]-\infty; 2[$ | $L_{2b} = ]-\infty; -3[$ |

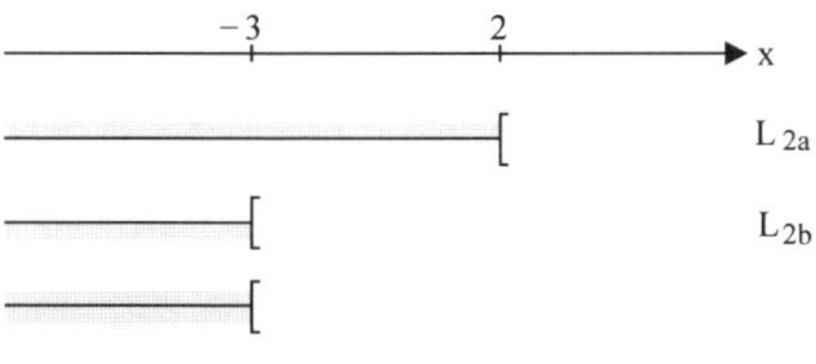


$$L_2 = L_{2a} \cap L_{2b} = ]-\infty; -3[$$

*Schritt 5: Bestimmung der Gesamtlösungsmenge*

$L = L_1 \cup L_2 = ]-\infty; -3[ \cup ]2; \infty[$

b) $\dfrac{3 + x}{x - 5} > 0$

*Schritt 1: Bestimmung der Definitionsmenge*

$x - 5 = 0 \quad x = 5 \quad D = \mathbb{Q} \setminus \{5\}$

*Schritt 2: Fallunterscheidung*

1. Fall: $3 + x > 0$ und $x - 5 > 0$

2. Fall: $3 + x < 0$ und $x - 5 < 0$

*Schritt 3: Ungleichungen für den 1. Fall*

| | |
|---|---|
| (1a) $3 + x > 0$ | (1b) $x - 5 > 0$ |
| $x > -3$ | $x > 5$ |
| $L_{1a} = ]-3; \infty[$ | $L_{1b} = ]5; \infty[$ |

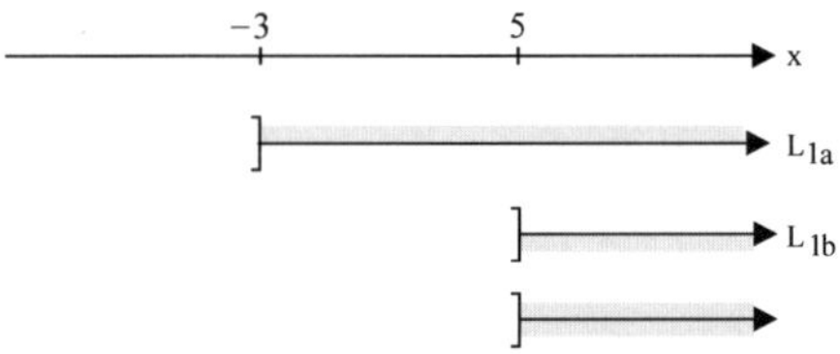


$L_1 = L_{1a} \cap L_{1b} = ]5; \infty[$

*Schritt 4: Ungleichungen für den 2. Fall*

| | |
|---|---|
| (2a) $3 + x < 0$ | (2b) $x - 5 < 0$ |
| $x < -3$ | $x < 5$ |
| $L_{2a} = ]-\infty; -3[$ | $L_{2b} = ]-\infty; 5[$ |

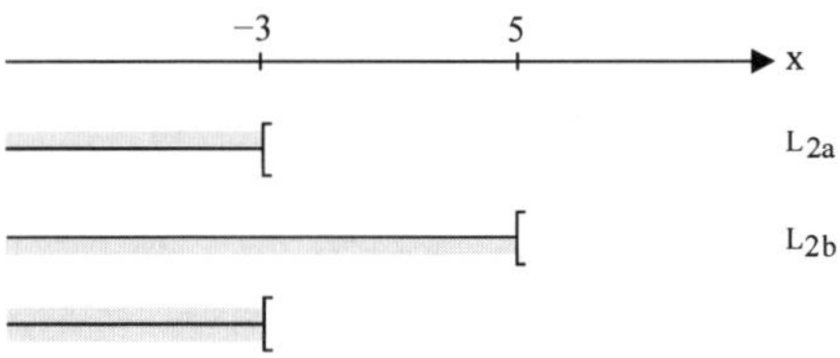


$L_2 = L_{2a} \cap L_{2b} = ]-\infty; -3[$

*Schritt 5: Bestimmung der Gesamtlösungsmenge*

$L = L_1 \cup L_2 = ]-\infty; -3[ \cup ]5; \infty[$

c) $\dfrac{2x-3}{3x-1} < 0$

*Schritt 1: Bestimmung der Definitionsmenge*

$3x - 1 = 0 \qquad 3x = 1 \qquad x = \dfrac{1}{3} \qquad D = \mathbb{Q} \setminus \left\{\dfrac{1}{3}\right\}$

*Schritt 2: Fallunterscheidung*

1. Fall: $2x - 3 > 0$ und $3x - 1 < 0$
2. Fall: $2x - 3 < 0$ und $3x - 1 > 0$

*Schritt 3: Ungleichungen für den 1. Fall*

(1a) $2x - 3 > 0$

$2x > 3$

$x > \dfrac{3}{2}$

$L_{1a} = \left]\dfrac{3}{2}; \infty\right[$

(1b) $3x - 1 < 0$

$3x < 1$

$x < \dfrac{1}{3}$

$L_{1b} = \left]-\infty; \dfrac{1}{3}\right[$

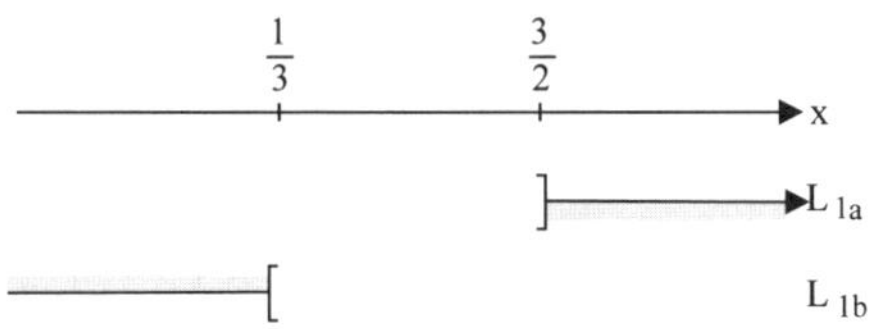


$L_1 = L_{1a} \cap L_{1b} = \{ \ \}$

*Schritt 4: Ungleichungen für den 2. Fall*

(2a) $2x - 3 < 0$

$2x < 3$

$x < \dfrac{3}{2}$

$L_{2a} = \left]-\infty; \dfrac{3}{2}\right[$

(2b) $3x - 1 > 0$

$3x > 1$

$x > \dfrac{1}{3}$

$L_{2b} = \left]\dfrac{1}{3}; \infty\right[$

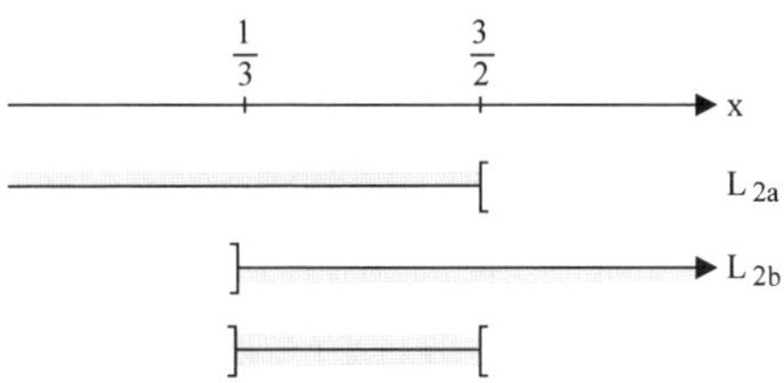


$L_2 = L_{2a} \cap L_{2b} = \left]\dfrac{1}{3}; \dfrac{3}{2}\right[$

*Schritt 5: Bestimmung der Gesamtlösungsmenge*

$L = L_1 \cup L_2 = \{ \ \} \cup \left]\dfrac{1}{3}; \dfrac{3}{2}\right[ = \left]\dfrac{1}{3}; \dfrac{3}{2}\right[$

d) $\dfrac{11x-1}{12x-1} \geq 0$

*Schritt 1: Bestimmung der Definitionsmenge*

$12x - 1 = 0 \qquad 12x = 1 \qquad x = \dfrac{1}{12} \qquad D = \mathbb{Q} \setminus \left\{\dfrac{1}{12}\right\}$

*Schritt 2: Fallunterscheidung*

1. Fall: $11x - 1 \geq 0$ und $12x - 1 > 0$
2. Fall: $11x - 1 \leq 0$ und $12x - 1 < 0$

*Schritt 3: Ungleichungen für den 1. Fall*

(1a) $11x - 1 \geq 0$

$11x \geq 1$

$x \geq \dfrac{1}{11}$

$L_{1a} = \left[\dfrac{1}{11}; \infty\right[$

(1b) $12x - 1 > 0$

$12x > 1$

$x > \dfrac{1}{12}$

$L_{1b} = \left]\dfrac{1}{12}; \infty\right[$

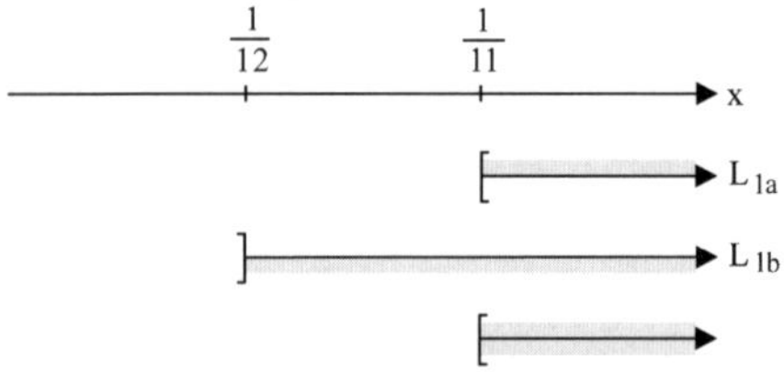


$L_1 = L_{1a} \cap L_{1b} = \left[\dfrac{1}{11}; \infty\right[$

*Schritt 4: Ungleichungen für den 2. Fall*

(2a) $11x - 1 \leq 0$

$11x \leq 1$

$x \leq \dfrac{1}{11}$

$L_{2a} = \left[-\infty; \dfrac{1}{11}\right]$

(2b) $12x - 1 < 0$

$12x < 1$

$x < \dfrac{1}{12}$

$L_{2b} = \left]-\infty; \dfrac{1}{12}\right[$

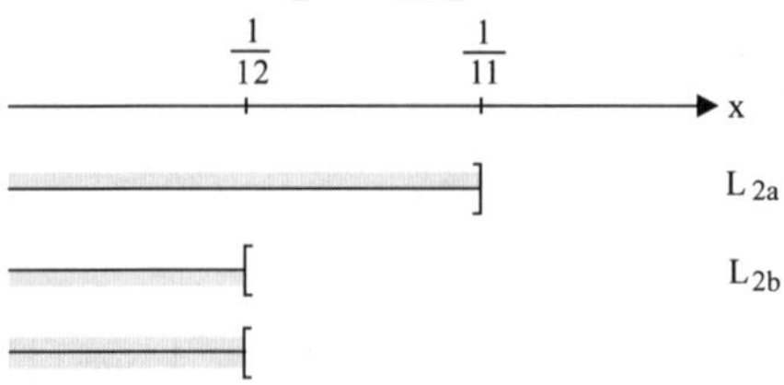


$L_2 = L_{2a} \cap L_{2b} = \left]-\infty; \dfrac{1}{12}\right[$

*Schritt 5: Bestimmung der Gesamtlösungsmenge*

$L = L_1 \cup L_2 = \left]-\infty; \dfrac{1}{12}\right[ \cup \left[\dfrac{1}{11}; \infty\right[$

e) $\dfrac{7-6x}{3x+8} \le 0$

*Schritt 1: Bestimmung der Definitionsmenge*

$3x + 8 = 0 \quad 3x = -8 \quad D = \mathbb{Q} \setminus \left\{-\dfrac{8}{3}\right\}$

*Schritt 2: Fallunterscheidung*

1. Fall: $7 - 6x \ge 0$ und $3x + 8 < 0$
2. Fall: $7 - 6x \le 0$ und $3x + 8 > 0$

*Schritt 3: Ungleichungen für den 1. Fall*

(1a) $7-6x \ge 0$

$-6x \ge -7$

$x \le \dfrac{7}{6}$

$L_{1a} = \left]-\infty; \dfrac{7}{6}\right]$

(1b) $3x+8<0$

$3x < -8$

$x < -\dfrac{8}{3}$

$L_{1b} = \left]-\infty; -\dfrac{8}{3}\right[$

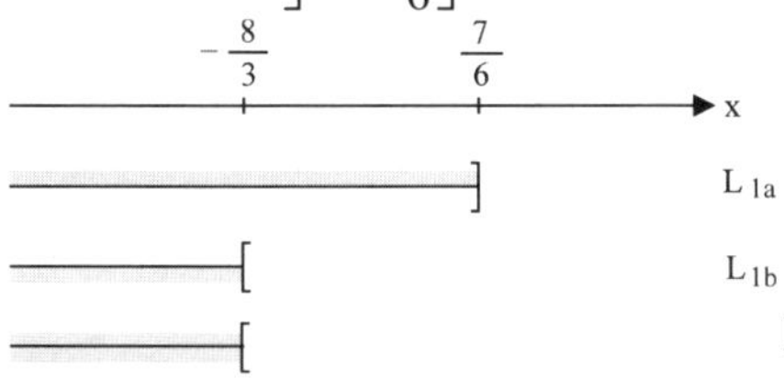


$L_1 = L_{1a} \cap L_{2a} = \left]-\infty; -\dfrac{8}{3}\right[$

*Schritt 4: Ungleichungen für den 2. Fall*

(2a) $7-6x \le 0$

$-6x \le -7$

$x \ge \dfrac{7}{6}$

$L_{2a} = \left[\dfrac{7}{6}; \infty\right[$

(2b) $3x+8>0$

$3x > -8$

$x > -\dfrac{8}{3}$

$L_{2b} = \left]-\dfrac{8}{3}; \infty\right[$

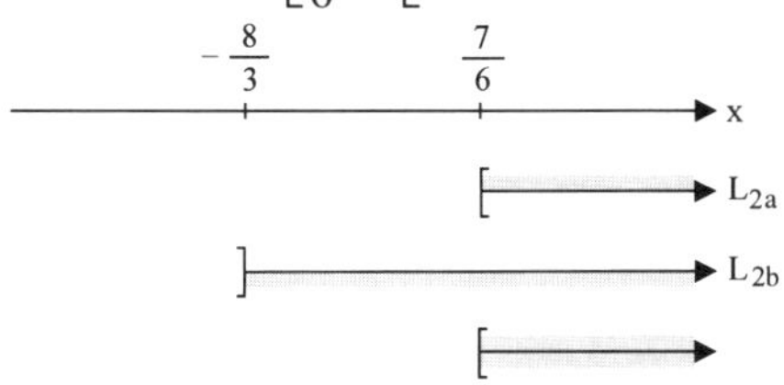


$L_2 = L_{2a} \cap L_{2b} = \left[\dfrac{7}{6}; \infty\right[$

*Schritt 5: Bestimmung der Gesamtlösungsmenge*

$L = L_1 \cup L_2 = \left]-\infty; -\dfrac{8}{3}\right[ \cup \left[\dfrac{7}{6}; \infty\right[$

f) $\dfrac{2(x+3)}{3(x-4)} \geq 0 \quad \Big| \cdot \dfrac{3}{2}$

$\dfrac{x+3}{x-4} \geq 0$

*Schritt 1: Bestimmung der Definitionsmenge*

$x - 4 = 0 \quad x = 4 \quad D = \mathbb{Q} \setminus \{4\}$

*Schritt 2: Fallunterscheidung*

1. Fall: $x + 3 \geq 0$ und $x - 4 > 0$
2. Fall: $x + 3 \leq 0$ und $x - 4 < 0$

*Schritt 3: Ungleichungen für den 1. Fall*

(1a) $x + 3 \geq 0$ | (1b) $x - 4 > 0$
$x \geq -3$ | $x > 4$
$L_{1a} = [-3; \infty[$ | $L_{1b} = ]4; \infty[$

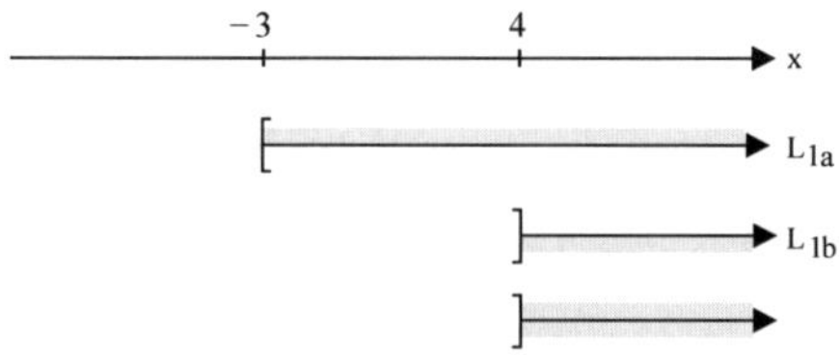


$L_1 = L_{1a} \cap L_{1b} = ]4; \infty[$

*Schritt 4: Ungleichungen für den 2. Fall*

(2a) $x + 3 \leq 0$ | (2b) $x - 4 < 0$
$x \leq -3$ | $x < 4$
$L_{2a} = ]-\infty; -3]$ | $L_{2b} = ]-\infty; 4[$

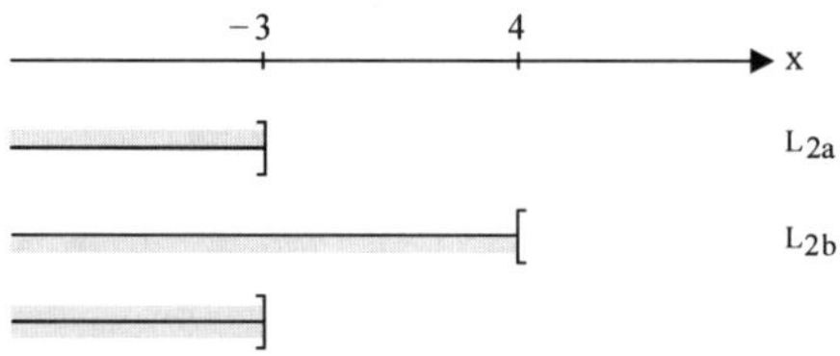


$L_2 = L_{2a} \cap L_{2b} = ]-\infty; -3]$

*Schritt 5: Bestimmung der Gesamtlösungsmenge*

$L = L_1 \cup L_2 = ]-\infty; -3] \cup ]4; \infty[$

g) $\dfrac{2}{x+3} \geq 0$

*Schritt 1: Bestimmung der Definitionsmenge*

$x + 3 = 0 \quad x = -3 \quad D = \mathbb{Q} \setminus \{-3\}$

*Schritt 2: Eine Fallunterscheidung ist hier nicht nötig*
Da für den Zähler $2 > 0$ gilt, muß wegen "≥" für den Nenner gelten:
$x + 3 > 0$

*Schritte 3 und 4:*
Es genügt die Ungleichung $x + 3 > 0$ zu lösen.
$x + 3 > 0 \quad x > -3$

*Schritt 5: Bestimmung der Lösungsmenge*
$L = ]-3; \infty[$

h) $\frac{3}{6 - x} \leq 0$

*Schritt 1: Bestimmung der Definitionsmenge*
$6 - x = 0 \quad x = 6 \quad D = \mathbb{Q} \setminus \{6\}$

*Schritt 2: Eine Fallunterscheidung ist hier nicht nötig*
Da für den Zähler $3 > 0$ gilt, muß wegen "≤" für den Nenner gelten:
$6 - x < 0$

*Schritte 3 und 4:*
Es genügt, die Ungleichung $6 - x < 0$ zu lösen.
$6 - x < 0 \quad -x < -6 \quad x > 6$

*Schritt 5: Bestimmung der Lösungsmenge*
$L = ]6; \infty[$

**33.** a) $\frac{x + 5}{x + 4} > 2$

*Schritt 1: Bestimmung der Definitionsmenge und Umformung*
$x + 4 = 0 \quad x = -4 \quad D = \mathbb{Q} \setminus \{-4\}$
Umformung:

$$\frac{x+5}{x+4} - 2 > 0; \quad \frac{x+5}{x+4} - \frac{2(x+4)}{x+4} > 0; \quad \frac{x+5-2(x+4)}{x+4} > 0;$$

$$\frac{x+5-2x-8}{x+4} > 0; \quad \frac{-x-3}{x+4} > 0$$

*Schritt 2: Fallunterscheidung*
1. Fall: $-x - 3 > 0$ und $x + 4 > 0$
2. Fall: $-x - 3 < 0$ und $x + 4 < 0$

*Schritt 3: Ungleichungen für den 1. Fall*

(1a) $-x-3>0$
$-x>3$
$x<-3$
$L_{1a}=]-\infty;-3[$

(1b) $x+4>0$
$x>-4$
$L_{1b}=]-4;\infty[$

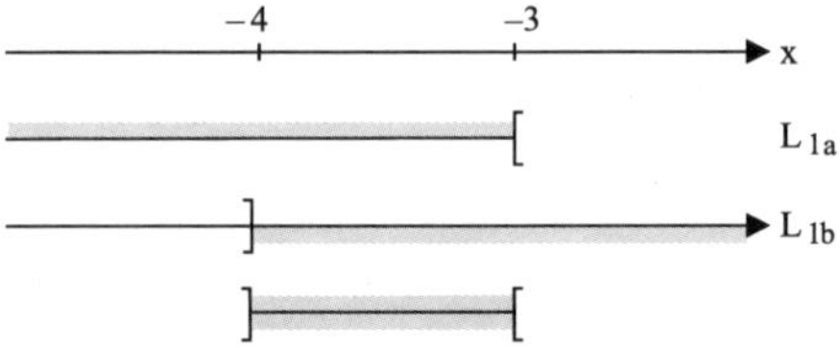


$L=L_{1a}\cap L_{1b}=]-4;-3[$

*Schritt 4: Ungleichungen für den 2. Fall*

(2a) $-x-3<0$
$-x<3$
$x>-3$
$L_{2a}=]-3;\infty[$

(2b) $x+4<0$
$x<-4$
$L_{2b}=]-\infty;-4[$

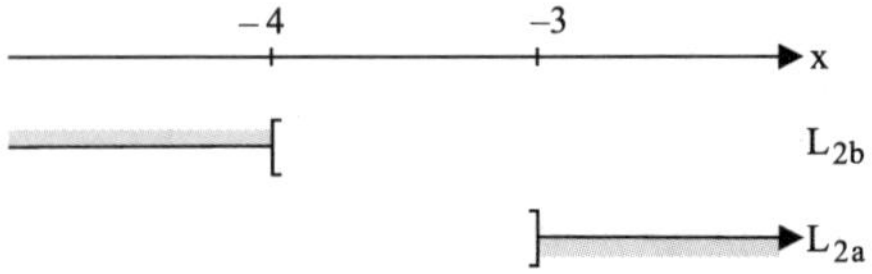


$L_2=L_{2a}\cap L_{2b}=\{\ \}$

*Schritt 5: Bestimmung der Gesamtlösungsmenge*

$L=L_1\cup L_2=]-4;-3[\cup\{\ \}=]-4;-3[$

b) $\dfrac{x-6}{x-4}>3$

*Schritt 1: Bestimmung der Definitionsmenge und Umformung*

$x-4=0 \quad x=4 \quad D=\mathbb{Q}\setminus\{4\}$

Umformung:

$$\frac{x-6}{x-4}-3>0; \quad \frac{x-6}{x-4}-\frac{3(x-4)}{x-4}>0; \quad \frac{x-6-3(x-4)}{x-4}>0;$$

$$\frac{x-6-3x+12}{x-4}>0; \quad \frac{-2x+6}{x-4}>0$$

*Schritt 2: Fallunterscheidung*

1. Fall: $-2x+6>0$ und $x-4>0$
2. Fall: $-2x+6<0$ und $x-4<0$

*Schritt 3: Ungleichungen für den 1. Fall*

(1a) $-2x + 6 > 0$ (1b) $x - 4 > 0$

$-2x > -6$ $x > 4$

$x < 3$

$L_{1a} = ]-\infty; 3[$ $L_{1b} = ]4; \infty[$

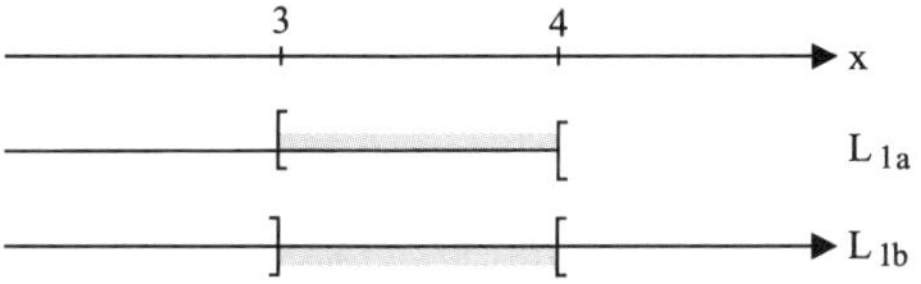


$L_1 = L_{1a} \cap L_{1b} = \{\ \}$

*Schritt 4: Ungleichungen für den 2. Fall*

(2a) $-2x + 6 < 0$ (2b) $x - 4 < 0$

$-2x < -6$ $x < 4$

$x > 3$

$L_{2a} = ]3; \infty[$ $L_{2b} = ]-\infty; 4[$

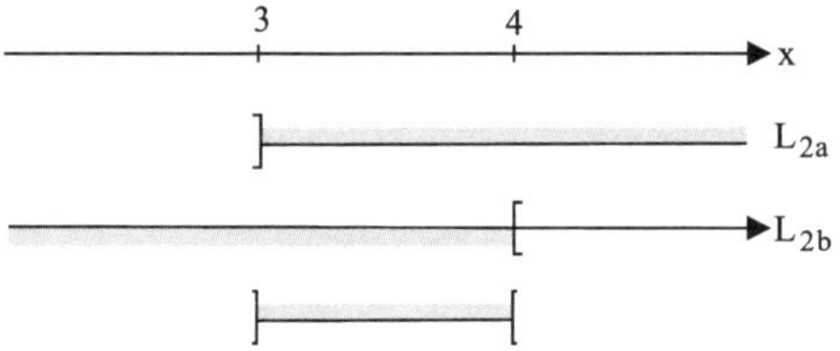


$L_2 = L_{2a} \cap L_{2b} = ]3; 4[$

*Schritt 5: Bestimmung der Gesamtlösungsmenge*

$L = L_1 \cup L_2 = \{\ \} \cup ]3; 4[ = ]3; 4[$

c) $\dfrac{3x - 2}{2x - 5} \leq -4$

*Schritt 1: Bestimmung der Definitionsmenge und Umformung*

$2x - 5 = 0 \quad 2x = 5 \quad x = \dfrac{5}{2} \quad D = \mathbb{Q} \setminus \left\{\dfrac{5}{2}\right\}$

Umformung:

$$\frac{3x-2}{2x-5}+4 \le 0; \quad \frac{3x-2}{2x-5}+\frac{4(2x-5)}{2x-5} \le 0; \quad \frac{3x-2+4(2x-5)}{2x-5} \le 0;$$

$$\frac{3x-2+8x-20}{2x-5} \le 0; \quad \frac{11x-22}{2x-5} \le 0$$

*Schritt 2: Fallunterscheidung*

1. Fall: $11x - 22 \ge 0$ und $2x - 5 < 0$

2. Fall: $11x - 22 \le 0$ und $2x - 5 > 0$

*Schritt 3: Ungleichungen für den 1. Fall*

(1a) $11x - 22 \ge 0$

$11x \ge 22$

$x \ge 2$

$L_{1a} = [2; \infty[$

(1b) $2x - 5 < 0$

$2x < 5$

$x < \frac{5}{2}$

$L_{1b} = \left]-\infty; \frac{5}{2}\right[$

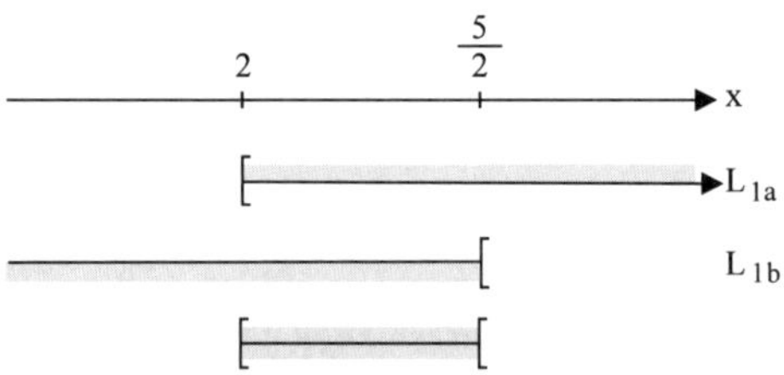


$L_1 = L_{1a} \cap L_{1b} = \left[2; \frac{5}{2}\right[$

*Schritt 4: Ungleichungen für den 2. Fall*

(2a) $11x - 22 \le 0$

$11x \le 22$

$x \le 2$

$L_{2a} = ]-\infty; 2]$

(2b) $2x - 5 > 0$

$2x > 5$

$x > \frac{5}{2}$

$L_{2b} = \left]\frac{5}{2}; \infty\right[$

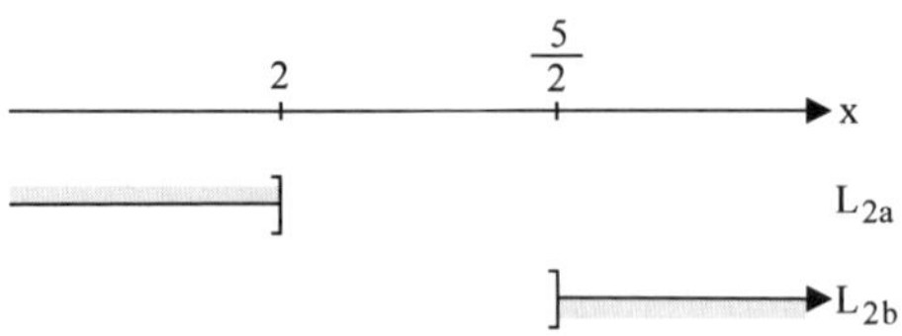


$L_2 = L_{2a} \cap L_{2b} = \{\ \}$

*Schritt 5: Bestimmung der Gesamtlösungsmenge*

$$L = L_1 \cup L_2 = \left[2; \frac{5}{2}\right[ \cup \{\ \} = \left[2; \frac{5}{2}\right[$$

d) $\frac{2-x}{x+3} < \frac{2}{3}$

*Schritt 1: Bestimmung der Definitionsmenge und Umformung*

$x + 3 = 0 \quad x = -3 \quad D = \mathbb{Q} \setminus \{-3\}$

Umformung:

$$\frac{2-x}{x+3} - \frac{2}{3} < 0 \quad HN = 3 \cdot (x+3)$$

$$\frac{(2-x) \cdot 3}{(x+3) \cdot 3} - \frac{2(x+3)}{3(x+3)} < 0$$

$$\frac{6 - 3x - 2x - 6}{3(x+3)} < 0$$

$$\frac{-5x}{3(x+3)} < 0 \quad \left| \cdot \left(-\frac{3}{5}\right) < 0! \right.$$

$$\downarrow$$

$$\frac{x}{x+3} > 0$$

*Schritt 2: Fallunterscheidung*

1. Fall: $x > 0$ und $x + 3 > 0$

2. Fall: $x < 0$ und $x + 3 < 0$

*Schritt 3: Ungleichungen für den 1. Fall*

(1a) $x > 0$

$L_{1a} = ]0; \infty[$

(1b) $x + 3 > 0$

$x > -3$

$L_{1b} = ]-3; \infty[$

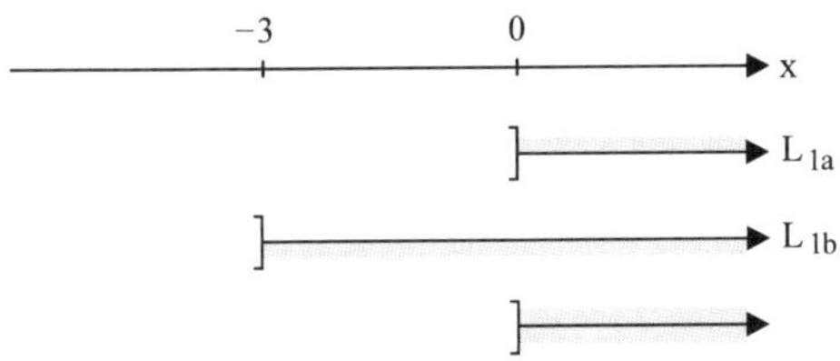


$L_1 = L_{1a} \cap L_{1b} = ]0; \infty[$

*Schritt 4: Ungleichungen für den 2. Fall*

(2a) $x < 0$

$L_{2a} = ]-\infty; 0[$

(2b) $x + 3 < 0$

$x < -3$

$L_{2b} = ]-\infty; -3[$

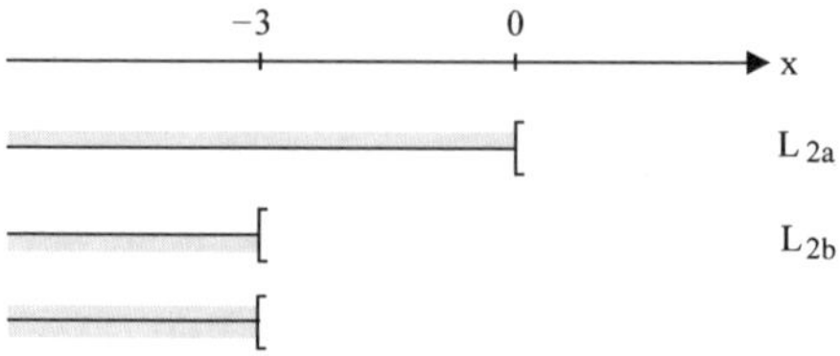


$L_2 = L_{2a} \cap L_{2b} = \left]-\infty; -3\right[$

*Schritt 5: Bestimmung der Gesamtlösungsmenge*

$L = L_1 \cup L_2 = \left]-\infty; -3\right[ \cup \left]0; \infty\right[$

e) $\dfrac{1}{2(x-3)} - \dfrac{20}{3(x-3)} \geq 2$

*Schritt 1: Bestimmung der Definitionsmenge und Umformung*

HN = $6(x-3)$ $\quad x-3=0 \quad x=3 \quad D = \mathbb{Q}\setminus\{3\}$

Umformung:

$$\frac{1}{2(x-3)} - \frac{20}{3(x-3)} - 2 \geq 0$$

$$\frac{1\cdot 3}{2(x-3)\cdot 3} - \frac{20\cdot 2}{3(x-3)\cdot 2} - \frac{2\cdot 6(x-3)}{6(x-3)} \geq 0$$

$$\frac{3-40-12x+36}{6(x-3)} \geq 0$$

$$\frac{-12x-1}{6(x-3)} \geq 0 \qquad |\cdot 6$$

$$\frac{-12x-1}{x-3} \geq 0$$

*Schritt 2: Fallunterscheidung*

1. Fall: $-12x - 1 \geq 0$ und $x - 3 > 0$

2. Fall: $-12x - 1 \leq 0$ und $x - 3 < 0$

*Schritt 3: Ungleichungen für den 1. Fall*

(1a) $-12x - 1 \geq 0$

$-12x \geq 1$

$x \leq -\dfrac{1}{12}$

$L_{1a} = \left]-\infty; -\dfrac{1}{12}\right]$

(1b) $x - 3 > 0$

$x > 3$

$L_{1b} = \left]3; \infty\right[$

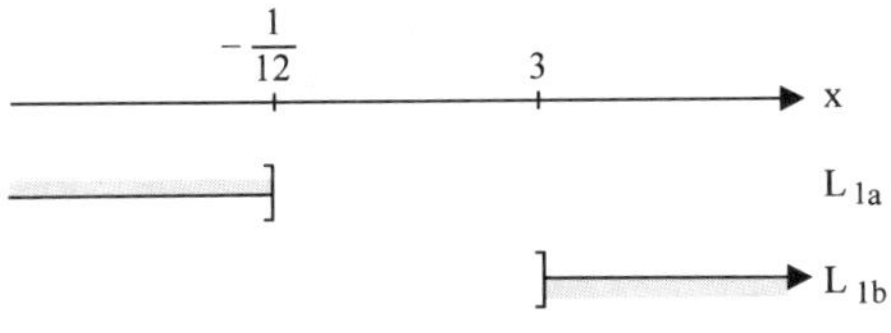


$L_1 = L_{1a} \cap L_{1b} = \{\ \}$

*Schritt 4: Ungleichungen für den 2. Fall*

(2a) $-12x - 1 \le 0$

$-12x \le 1$

$x \ge -\frac{1}{12}$

$L_{2a} = \left[-\frac{1}{12}; \infty\right[$

(2b) $x - 3 < 0$

$x < 3$

$L_{2b} = ]-\infty; 3[$

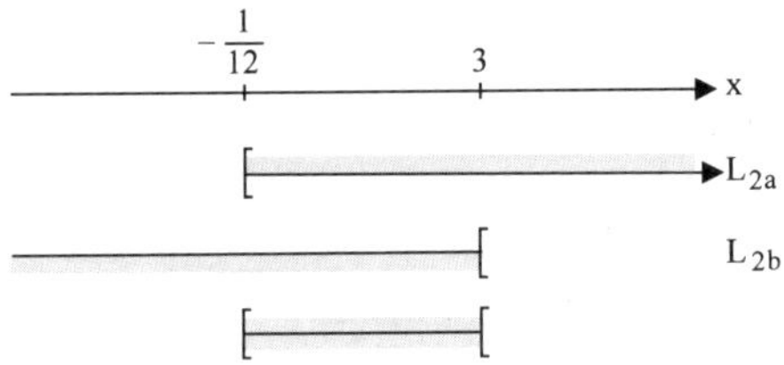


$L_2 = L_{2a} \cap L_{2b} = \left[-\frac{1}{12}; 3\right[$

*Schritt 5: Bestimmung der Gesamtlösungsmenge*

$$L = L_1 \cup L_2 = \{\ \} \cup \left[-\frac{1}{12}; 3\right[ = \left[-\frac{1}{12}; 3\right[$$

**34.** a) 1. Fall: $|x - 2| = x - 2$, wenn $x - 2 \ge 0$, d. h. $x \ge 2$

2. Fall: $|x - 2| = -(x - 2) = -x + 2$, wenn $x - 2 < 0$, d.h. $x < 2$

$$|x - 2| = \begin{cases} x - 2, \text{wenn } x \ge 2 \\ -x + 2, \text{wenn } x < 2 \end{cases}$$

b) 1. Fall: $|x + 3| = x + 3$, wenn $x + 3 \ge 0$, d.h. $x \ge -3$

2. Fall: $|x + 3| = -(x + 3) = -x - 3$, wenn $x + 3 < 0$, d.h. $x < -3$

$$|x + 3| = \begin{cases} x + 3, \text{wenn } x \ge -3 \\ -x - 3, \text{wenn } x < -3 \end{cases}$$

c) 1. Fall: $|3 - 2x| = 3 - 2x$, wenn $3 - 2x \ge 0$

Lösung: $3 - 2x \ge 0$; $-2x \ge -3$; $x \le \frac{3}{2}$

2. Fall: $|3-2x| = -(3-2x) = -3+2x = 2x-3$, wenn $3-2x<0$

Lösung: $3-2x<0$; $\quad -2x<-3$; $\quad x>\frac{3}{2}$

$$|3-2x| = \begin{cases} 3-2x, \text{ wenn } x \le \frac{3}{2} \\ 2x-3, \text{ wenn } x > \frac{3}{2} \end{cases}$$

d) 1. Fall: $|12+3x| = 12+3x$, wenn $12+3x \ge 0$

Lösung: $12+3x \ge 0$; $\quad 3x \ge -12$; $\quad x \ge -4$

2. Fall: $|12x+3x| = -(12+3x) = -12-3x$, wenn $12+3x<0$

Lösung: $12+3x<0$; $\quad 3x<-12$; $\quad x<-4$

$$|12+3x| = \begin{cases} 12+3x, \text{ wenn } x \ge -4 \\ -12-3x, \text{ wenn } x < -4 \end{cases}$$

e) 1. Fall: $|12x-1| = 12x-1$, wenn $12x-1 \ge 0$

Lösung: $12x-1 \ge 0$; $\quad 12x \ge 1$; $\quad x \ge \frac{1}{12}$

2. Fall: $|12x-1| = -(12x-1) = -12x+1$, wenn $12x-1<0$

Lösung: $12x-1<0$; $\quad 12x<1$; $\quad x<\frac{1}{12}$

$$|12x-1| = \begin{cases} 12x-1, \text{ wenn } x \ge \frac{1}{12} \\ -12x+1, \text{ wenn } x < \frac{1}{12} \end{cases}$$

f) 1. Fall: $|1-15x| = 1-15x$, wenn $1-15x \ge 0$

Lösung: $1-15x \ge 0$; $\quad -15x \ge -1$; $\quad x \le \frac{1}{15}$

2. Fall: $|1-15x| = -(1-15x) = -1+15x = 15x-1$, wenn $1-15x<0$

Lösung: $1-15x<0$; $\quad -15x<-1$; $\quad x>\frac{1}{15}$

$$|1-15x| = \begin{cases} 1-15x, \text{ wenn } x \le \frac{1}{15} \\ 15x-1, \text{ wenn } x > \frac{1}{15} \end{cases}$$

**35.** a) $|\mathbf{x}| + 2x \geq 3$

*Schritt 1:*

$|x| = x$, wenn $x \geq 0$ (1. Betragsbedingung)

Zugehörige Ungleichung: $\mathbf{x} + 2x \geq 3$

(1a) $x \geq 0$

$L_{1a} = [0; \infty[$

(1b) $x + 2x \geq 3$

$3x \geq 3$

$x \geq 1$

$L_{1b} = [1; \infty[$

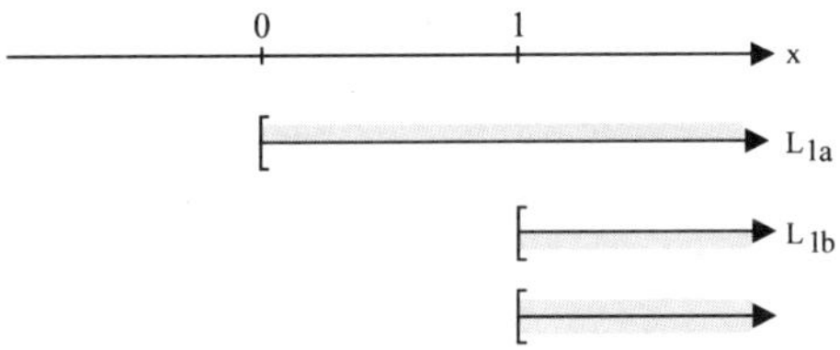


$L_1 = L_{1a} \cap L_{1b} = [1; \infty[$

*Schritt 2:*

$|x| = -x$, wenn $x < 0$ (2. Betragsbedingung)

Zugehörige Ungleichung: $-\mathbf{x} + 2x \geq 3$

(2a) $x < 0$

$L_{2a} = ]-\infty; 0[$

(2b) $-x + 2x \geq 3$

$x \geq 3$

$L_{2b} = [3; \infty[$

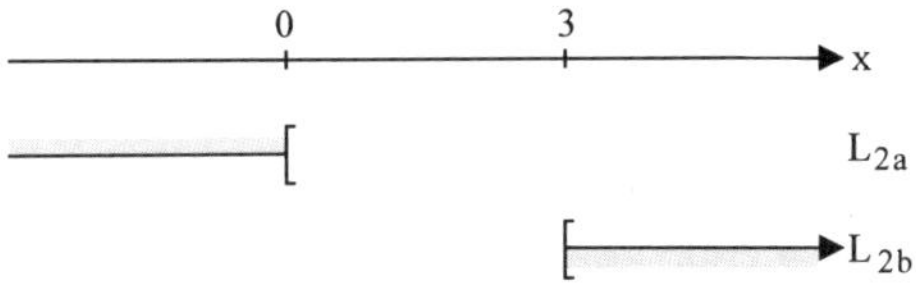


$L_2 = L_{2a} \cap L_{2b} = \{\ \}$

*Schritt 3:*

$L = L_1 \cup L_2 = [1; \infty[ \cup \{\ \} = [1; \infty[$

b) $6x - 2|\mathbf{x}| \leq 32$

*Schritt 1:*

$|x| = x$, wenn $x \geq 0$ (1. Betragsbedingung)

Zugehörige Ungleichung: $6x - 2\mathbf{x} \leq 32$

(1a) $x \geq 0$

$L_{1a} = [0; \infty[$

(1b) $6x - 2x \leq 32$

$4x \leq 32$

$x \leq 8$

$L_{1b} = ]-\infty; 8]$

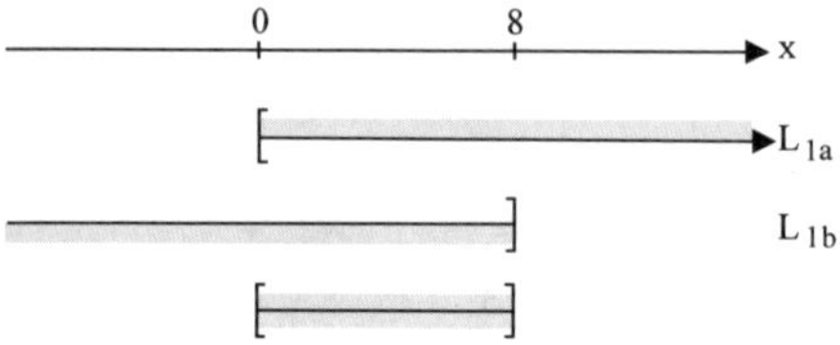


$L_1 = L_{1a} \cap L_{1b} = [0; 8]$

*Schritt 2:*
$|x| = -x$, wenn $x < 0$ (2. Betragsbedingung)
Zugehörige Ungleichung: $6x - 2(-\mathbf{x}) \leq 32$

(2a) $x < 0$

(2b) $6x - 2(-x) \leq 32$
$6x + 2x \leq 32$
$8x \leq 32$
$x \leq 4$

$L_{2a} = ]-\infty; 0[$

$L_{2b} = [-\infty; 4]$

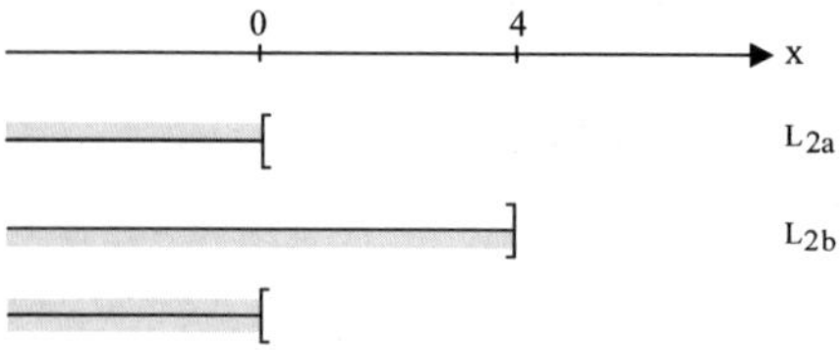


$L_2 = L_{2a} \cap L_{2b} = ]-\infty; 0[$

*Schritt 3:*
$L = L_1 \cup L_2 = ]-\infty; 0[ \cup [0; 8] = ]-\infty; 8]$

c) $|\mathbf{x} + \mathbf{3}| + 4x > -7$

*Schritt 1:*
$|x + 3| = x + 3$, wenn $x + 3 \geq 0$
Zugehörige Ungleichung: $\mathbf{x} + \mathbf{3} + 4x > -7$

(1a) $x + 3 \geq 0$
$x \geq -3$

(1b) $x + 3 + 4x > -7$
$5x + 3 > -7$
$5x > -10$
$x > -2$

$L_{1a} = [-3; \infty[$

$L_{1b} = ]-2; \infty[$

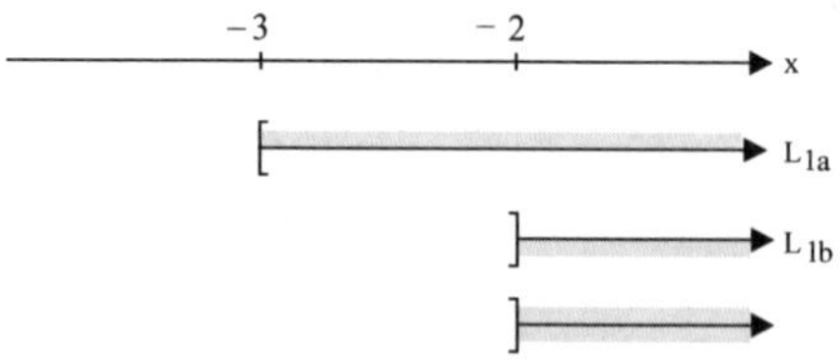


$L_1 = L_{1a} \cap L_{1b} = ]-2; \infty[$

*Schritt 2:*
$|x + 3| = -(x + 3) = -x - 3$, wenn $x + 3 < 0$
Zugehörige Ungleichung: $-\mathbf{x} - \mathbf{3} + 4x > -7$

(2a) $x + 3 < 0$
$x < -3$

$L_{2a} = ]-\infty; -3[$

(2b) $-x - 3 + 4x > -7$
$3x - 3 > -7$
$3x > -4$
$x > -\frac{4}{3}$

$L_{2b} = \left]-\frac{4}{3}; \infty\right[$

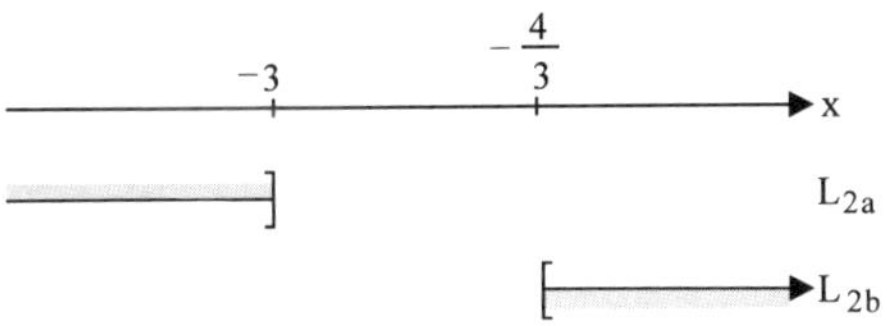


$L_2 = L_{2a} \cap L_{2b} = \{\ \}$

*Schritt 3:*
$L = L_1 \cup L_2 = ]-2; \infty[ \cup \{\ \} = ]-2; \infty[$

d) $|\mathbf{2x} + \mathbf{4}| > -3 - 5x$

*Schritt 1:*
$|2x + 4| = 2x + 4$, wenn $2x + 4 \geq 0$
Zugehörige Ungleichung: $\mathbf{2x} + \mathbf{4} > -3 - 5x$

(1a) $2x + 4 \geq 0$
$2x \geq -4$
$x \geq -2$
$L_{1a} = [-2; \infty[$

(1b) $2x + 4 > -3 - 5x \quad | + 5x - 4$
$7x > -7$
$x > -1$
$L_{1b} = ]-1; \infty[$

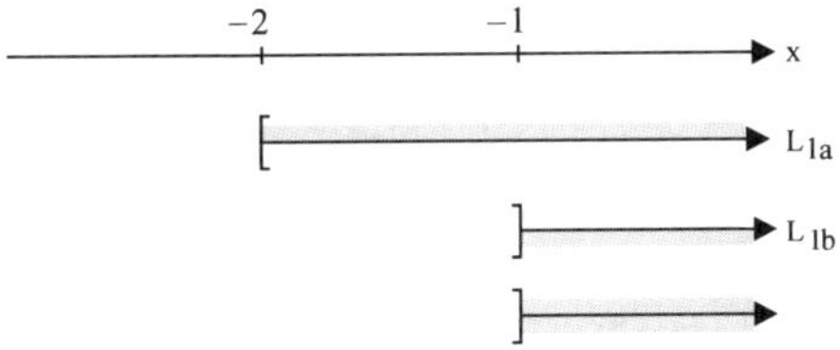


$L_1 = L_{1a} \cap L_{1b} = ]-1; \infty[$

*Schritt 2:*
$|2x + 4| = -(2x + 4) = -2x - 4$, wenn $2x + 4 < 0$
Zugehörige Ungleichung: $-\mathbf{2x} - \mathbf{4} > -3 - 5x$

(2a) $2x + 4 < 0$

$2x < -4$

$x < -2$

$L_{2a} = ]-\infty; -2[$

(2b) $-2x - 4 > -3 - 5x \quad | + 5x - 4$

$3x > 1$

$x > \frac{1}{3}$

$L_{2b} = \left]\frac{1}{3}; \infty\right[$

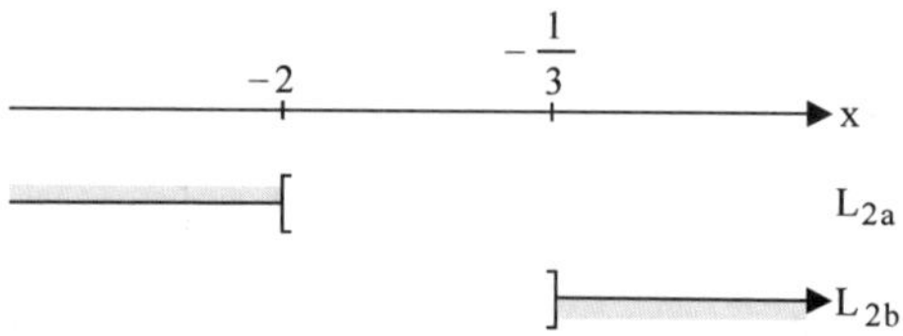


$L_2 = L_{2a} \cap L_{2b} = \{\ \}$

*Schritt 3:*

$L = L_1 \cup L_2 = ]-1; \infty[ \cup \{\ \} = ]-1; \infty[$

e) $11 - |\mathbf{x - 7}| \geq 5x$

*Schritt 1:*

$|x - 7| = x - 7$, wenn $x - 7 \geq 0$

Zugehörige Ungleichung: $11 - (\mathbf{x - 7}) \geq 5x$ (Klammern setzen!)

(1a) $x - 7 \geq 0$

$x \geq 7$

$L_{1a} = [7; \infty[$

(1b) $11 - (x - 7) \geq 5x$

$11 - x + 7 \geq 5x$

$18 - x \geq 5x \quad | - 5x - 18$

$-6x \geq -18 \quad | : (-6)$

$x \leq 3$

$L_{1b} = ]-\infty; 3]$

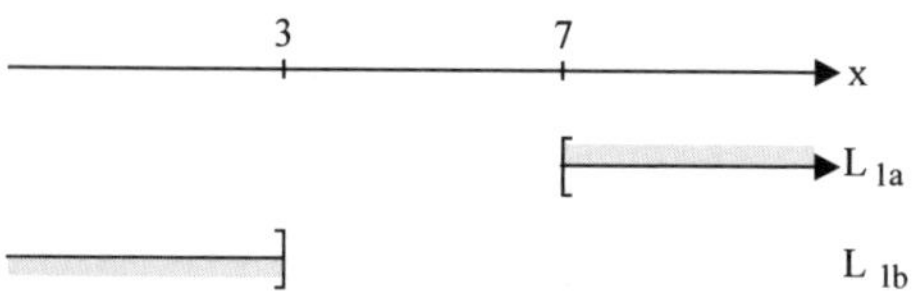


$L_1 = L_{1a} \cap L_{1b} = \{\ \}$

*Schritt 2:*

$|x - 7| = -(x - 7) = -x + 7$, wenn $x - 7 < 0$

Zugehörige Ungleichung: $11 - (-\mathbf{x} + \mathbf{7}) \geq 5x$

(2a) $x - 7 < 0$

$x < 7$

$L_{2a} = ]-\infty; 7[$

(2b) $11 - (-x + 7) \geq 5x$

$11 + x - 7 \geq 5x$

$4 + x \geq 5x \quad | -5x - 4$

$-4x \geq -4 \quad | : (-4)$

$x \leq 1$

$L_{2b} = ]-\infty; 1]$

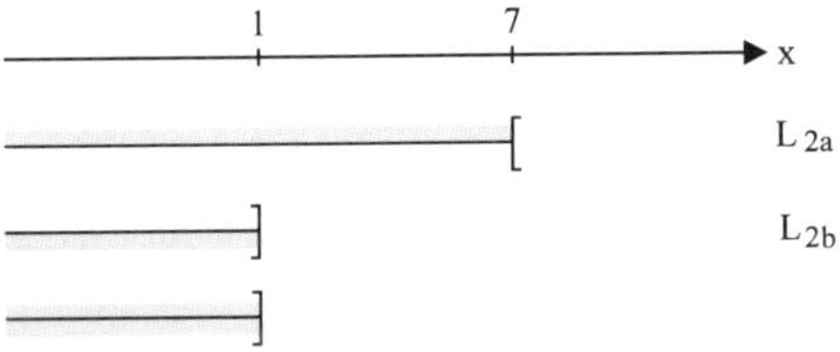


$L_2 = L_{2a} \cap L_{2b} = ]-\infty; 1]$

*Schritt 3:*

$L = L_1 \cup L_2 = \{\ \} \cup ]-\infty; 1] = ]-\infty; 1]$

f) $|\mathbf{3x - 6}| > 2x - 14$

*Schritt 1:*

$|3x - 6| = 3x - 6$, wenn $3x - 6 \geq 0$

Zugehörige Ungleichung: $\mathbf{3x - 6} > 2x - 14$

(1a) $3x - 6 \geq 0$

$3x \geq 6$

$x \geq 2$

$L_{1a} = [2; \infty[$

(1b) $3x - 6 > 2x - 14 \quad | -2x + 6$

$x > -8$

$L_{1b} = ]-8; \infty]$

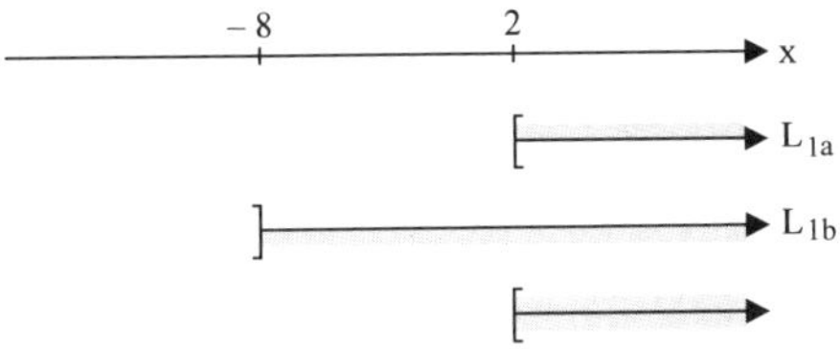


$L_1 = L_{1a} \cap L_{1b} = [2; \infty[$

*Schritt 2:*

$|3x - 6| = -(3x - 6) = -3x + 6$, wenn $3x - 6 < 0$

Zugehörige Ungleichungen: $\mathbf{-3x + 6} > 2x - 14$

(2a) $3x - 6 < 0$

$3x < 6$

$x < 2$

$L_{2a} = [-\infty; 2[$

(2b) $-3x + 6 > 2x - 14 \quad | -2x - 6$

$-5x > -20$

$x < 4$

$L_{2b} = ]-\infty; 4[$

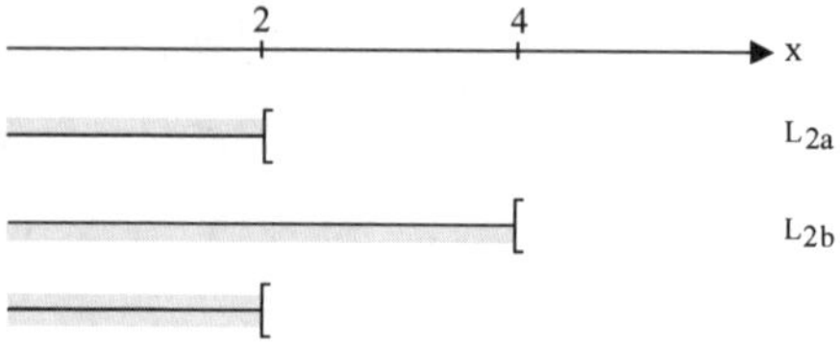


$L_2 = L_{2a} \cap L_{2b} = ]-\infty; 2[$

*Schritt 3:*

$L = L_1 \cup L_2 = ]-\infty; 2[ \cup [2; \infty[ = ]-\infty; \infty[ = \mathbb{Q}$

**36.** a) $|\mathbf{3x + 4}| + 2x = 19$

*Schritt 1:*

$|3x + 4| = 3x + 4$, wenn $3x + 4 \geq 0$ (1 a)

Zugehörige Gleichung: $\mathbf{3x + 4} + 2x = 19$ (1 b)

Es wird zuerst die Lösung der Gleichung bestimmt und dann mit der Betragsbedingung überprüft:

Lösung von (1 b): $5x + 4 = 19$

$5x = 15$

$x = 3$

Einsetzen in (1 a): $3 \cdot 3 + 4 \geq 0$ (w), da $13 > 0$

$\Rightarrow L_1 = \{3\}$

*Schritt 2:*

$|3x + 4| = -(3x + 4) = -3x - 4$, wenn $3x + 4 < 0$ (2 a)

Zugehörige Gleichung: $-\mathbf{3x} - \mathbf{4} + 2x = 19$ (2 b)

Lösung von (2 b): $-x - 4 = 19$

$-x = 23$

$x = -23$

Einsetzen in (2 a): $3 \cdot (-23) + 4 < 0$ (w), da $-65 < 0$

$\Rightarrow L_2 = \{-23\}$

*Schritt 3:*

$L = L_1 \cup L_2 = \{-23; 3\}$

b) $2|\mathbf{4 - x}| - 3x = 3$

*Schritt 1:*

$|4 - x| = 4 - x$, wenn $4 - x \geq 0$ (1 a)

Zugehörige Gleichung: $2(\mathbf{4 - x}) - 3x = 3$ (1 b)

Lösung von (1 b): $8 - 2x - 3x = 3$

$$8 - 5x = 3$$
$$-5x = -5$$
$$x = 1$$

Einsetzen in (1 a): $4 - 1 \geq 0$ (w)

$\Rightarrow \quad L_1 = \{1\}$

*Schritt 2:*

$|4 - x| = -(4 - x) = -4 + x$, wenn $4 - x < 0$ (2 a)

Zugehörige Gleichung: $2(-\mathbf{4} + \mathbf{x}) - 3x = 3$ (2 b)

Lösung von (2 b): $-8 + 2x - 3x = 3$

$$-8 - x = 3$$
$$-x = 11$$
$$x = -11$$

Einsetzen in (2 a): $4 - (-11) < 0$ (f)

$\Rightarrow \quad L_2 = \{ \}$

*Schritt 3:*

$L = L_1 \cup L_2 = \{1\}$

c) $4x - 3|\mathbf{3} - \mathbf{x}| = 5$

*Schritt 1:*

$|3 - x| = 3 - x$, wenn $3 - x \geq 0$ (1 a)

Zugehörige Gleichung: $4x - 3(\mathbf{3} - \mathbf{x}) = 5$ (1 b)

Lösung von (1 b): $4x - 9 + 3x = 5$

$$7x = 14$$
$$x = 2$$

Einsetzen in (1 a): $3 - 2 \geq 0$ (w)

$\Rightarrow \quad L_1 = \{2\}$

*Schritt 2:*

$|3 - x| = -(3 - x) = -3 + x$, wenn $3 - x < 0$ (2 a)

Zugehörige Gleichung: $4x - 3(-\mathbf{3} + \mathbf{x}) = 5$ (2 b)

Lösung von (2 b): $4x + 9 - 3x = 5$

$$x + 9 = 5$$
$$x = -4$$

Einsetzen in (2 a): $3 - (-4) < 0$ (f), da $3 + 4 > 0$

$\Rightarrow \quad L_2 = \{ \}$

*Schritt 3:*

$L = L_1 \cup L_2 = \{2\}$

d) $2x + 1 = 2|\mathbf{2x + 3}|$

*Schritt 1:*

$|2x + 3| = 2x + 3$, wenn $2x + 3 \geq 0$ (1 a)

Zugehörige Gleichung: $2x + 1 = 2(\mathbf{2x + 3})$ (1 b)

Lösung von (1 b): $2x + 1 = 4x + 6$

$$-2x = 5$$

$$x = -\frac{5}{2}$$

Einsetzen in (1 a): $2 \cdot \left(-\frac{5}{2}\right) + 3 \geq 0$ (f), da $-5 + 3 = -2 < 0$

$\Rightarrow$ $L_1 = \{\ \}$

*Schritt 2:*

$|2x + 3| = -(2x + 3) = -2x - 3$, wenn $2x + 3 < 0$ (2 a)

Zugehörige Gleichung: $2x + 1 = 2(\mathbf{-2x - 3})$ (2 b)

Lösung von (2 b): $2x + 1 = -4x - 6$

$$6x = -7$$

$$x = -\frac{7}{6}$$

Einsetzen in (2 a): $2 \cdot \left(-\frac{7}{6}\right) + 3 < 0$ (f), da $-\frac{7}{3} + \frac{9}{3} = \frac{2}{3} > 0$

$\Rightarrow$ $L_2 = \{\ \}$

*Schritt 3:*

$L = L_1 \cup L_2 = \{\ \}$

**37.** a)

| x | −2 | 0 | 1 | 2 |
|---|---|---|---|---|
| y | −2 | 0 | 1 | 2 |

$y = x$

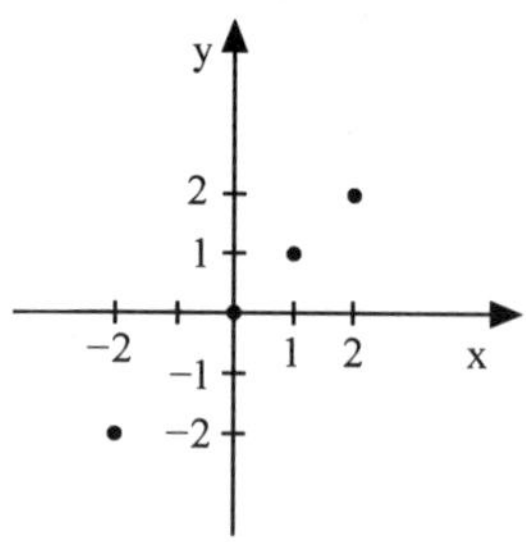

b)

| x | –3 | –1 | 0 | 2 |
|---|---|---|---|---|
| y | 3 | 1 | 0 | –2 |

$y = -x$

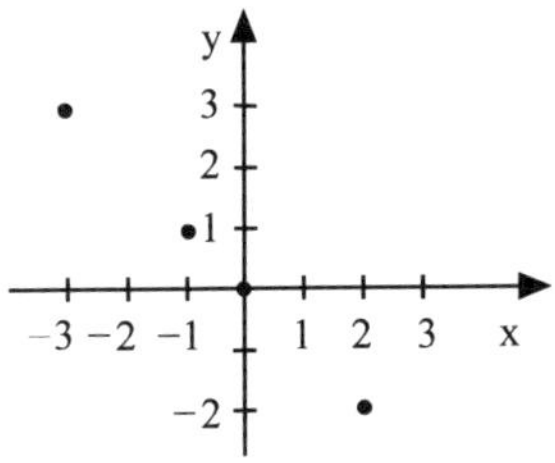


c)

| x | 0,5 | 1 | 2 | 3 | 4 |
|---|---|---|---|---|---|
| y | 2 | 1 | $\frac{1}{2}$ | $\frac{1}{3}$ | $\frac{1}{4}$ |

$y = \frac{1}{x}$

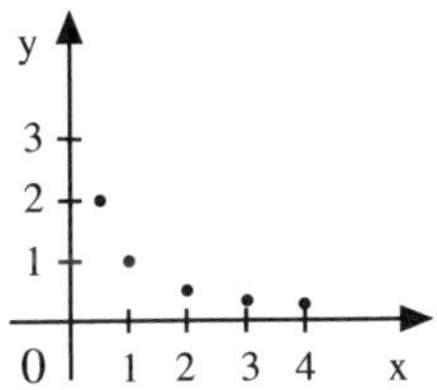


d)

| x | –0,5 | –1 | –2 | –3 | –4 |
|---|---|---|---|---|---|
| y | –2 | –1 | $-\frac{1}{2}$ | $-\frac{1}{3}$ | $-\frac{1}{4}$ |

$y = \frac{1}{x}$

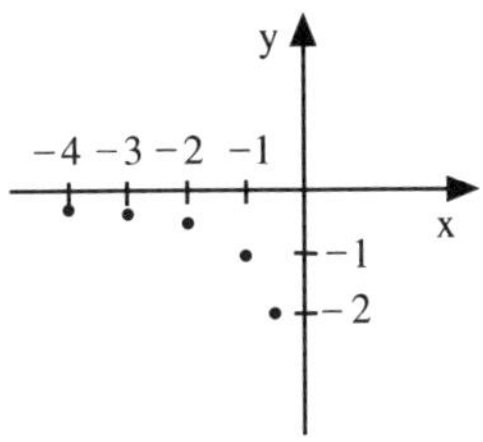


e)

| x | –3 | –2 | –1 | 0 | 1 | 2 | 3 |
|---|---|---|---|---|---|---|---|
| y | 3 | 2 | 1 | 0 | –1 | –2 | –3 |

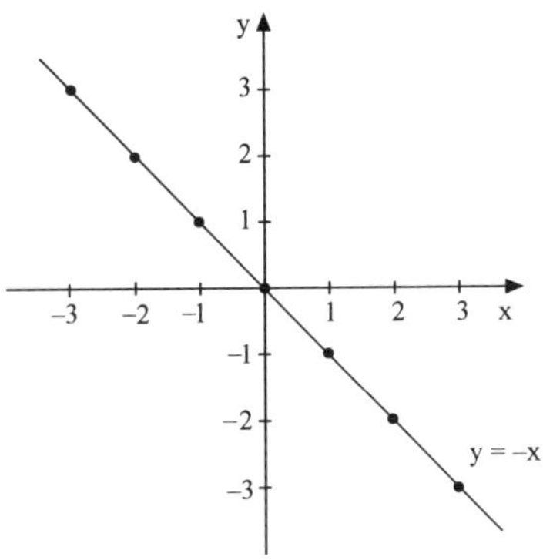

f) $y = x^2 - 2$

| x | −3 | −2 | −1 |
|---|---|---|---|
| y | (7) | 2 | −1 |

| x | 0 | 1 | 2 |
|---|---|---|---|
| y | −2 | −1 | 2 |

| x | 0,5 | 1,5 |
|---|---|---|
| y | −1,75 | 0,25 |

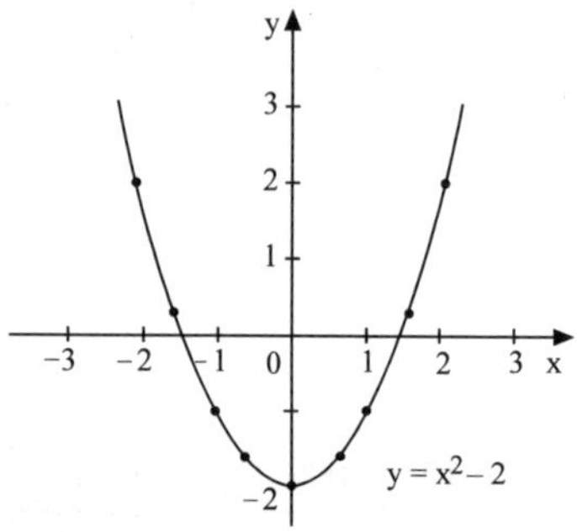


g) $y = 3 - x^2$

| x | −3 | −2 | −1 |
|---|---|---|---|
| y | (−6) | −1 | 2 |

| x | 0 | 1 | 2 |
|---|---|---|---|
| y | 3 | 2 | −1 |

| x | 0,5 | 1,5 | 2,5 |
|---|---|---|---|
| y | 2,75 | 0,75 | (−3,25) |

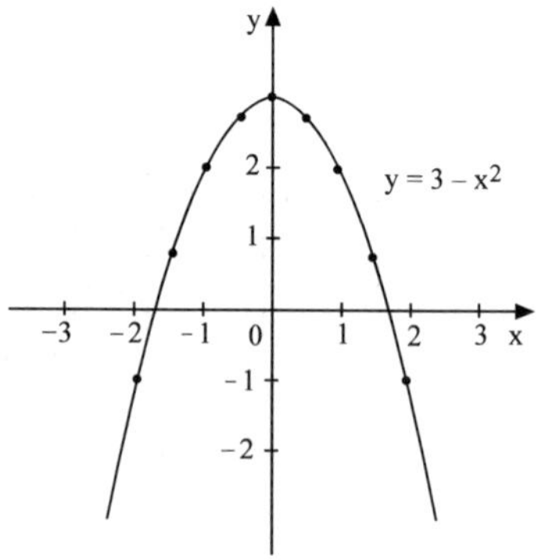


h)

| x | −3 | −2 | −1 | 0 | 1 | 2 | 3 |
|---|---|---|---|---|---|---|---|
| y | $\frac{5}{2}$ | 2 | $\frac{3}{2}$ | 1 | $\frac{1}{2}$ | 0 | $-\frac{1}{2}$ |

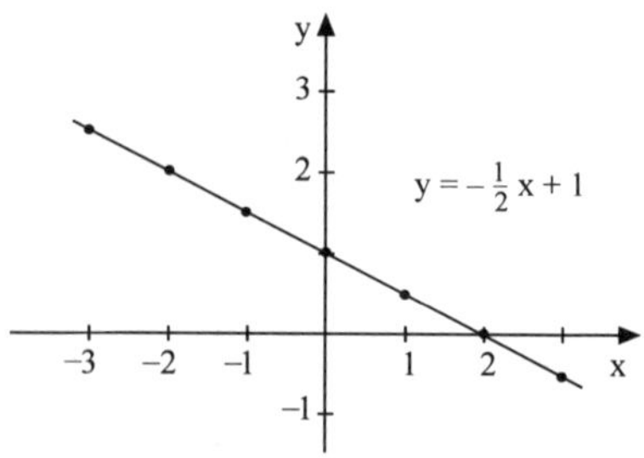

**38.** a) $y = x - 4$

| | | |
|---|---|---|
| x | 0 | 4 |
| y | $-4$ | 0 |
| | $P_1$ | $P_2$ |

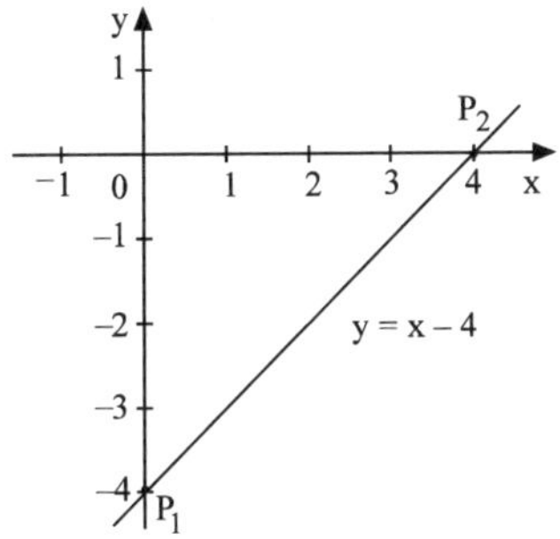


b) $y = -x + 3$

| | | |
|---|---|---|
| x | 0 | 3 |
| y | 3 | 0 |
| | $P_1$ | $P_2$ |

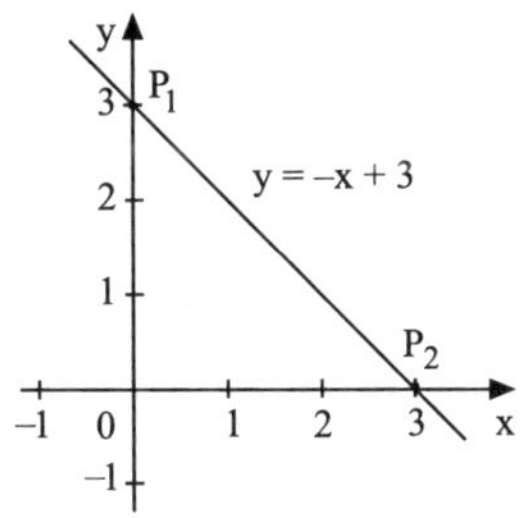


c) $y = \frac{1}{2}x - \frac{3}{2}$

| | | |
|---|---|---|
| x | $-1$ | 3 |
| y | $-2$ | 0 |
| | $P_1$ | $P_2$ |

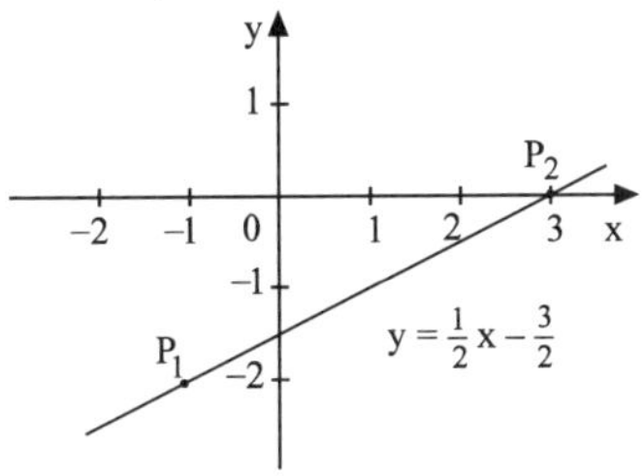


d) $y = \frac{3}{2}x - \frac{1}{2}$

| | | |
|---|---|---|
| x | $-2$ | 1 |
| y | $-\frac{7}{2}$ | 1 |
| | $P_1$ | $P_2$ |

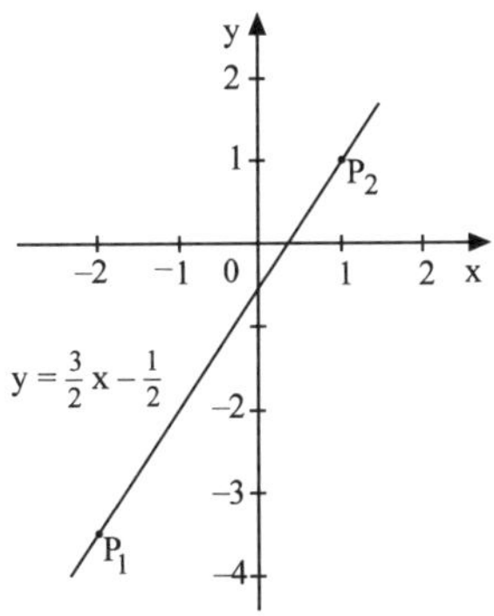

e) $y = -2x + 1$

| x | −1 | 2 |
|---|---|---|
| y | 3 | −3 |
| | $P_1$ | $P_2$ |

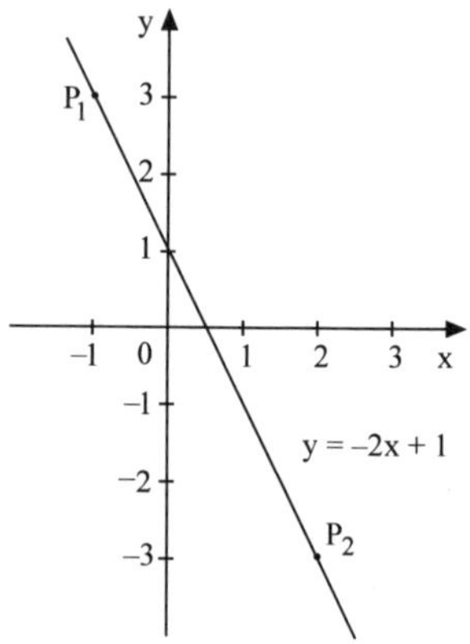


f) $y = -3x - 1$

| x | −1 | 1 |
|---|---|---|
| y | 2 | −4 |
| | $P_1$ | $P_2$ |

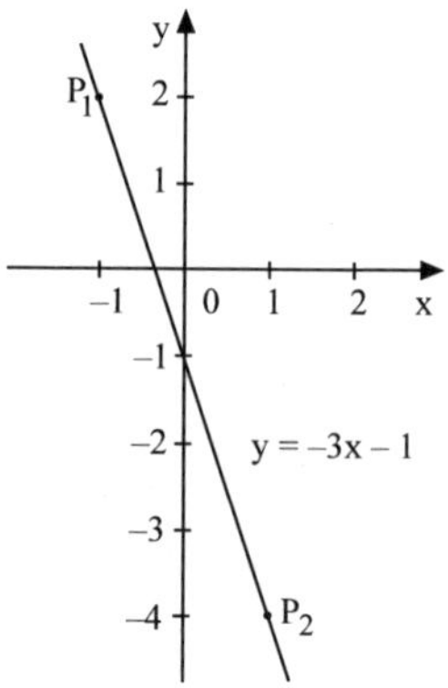


**39.** a) $y = \frac{2}{3}x$;  $t = 0$;  $m = \frac{2}{3}$

*Schritt 1:*
T(0; 0)

*Schritt 2:*

$m = \frac{2}{3}$ ← nach oben / ← nach rechts

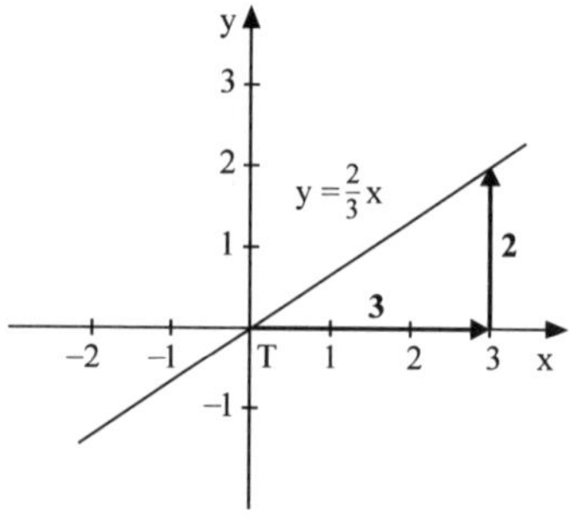

b) $y = -\frac{3}{2}x; \quad t = 0; \quad m = -\frac{3}{2}$

*Schritt 1:*

T(0; 0)

*Schritt 2:*

$m = -\frac{3}{2} = \frac{-3}{2}$ $\begin{matrix} \leftarrow \text{nach unten} \\ \leftarrow \text{nach rechts} \end{matrix}$

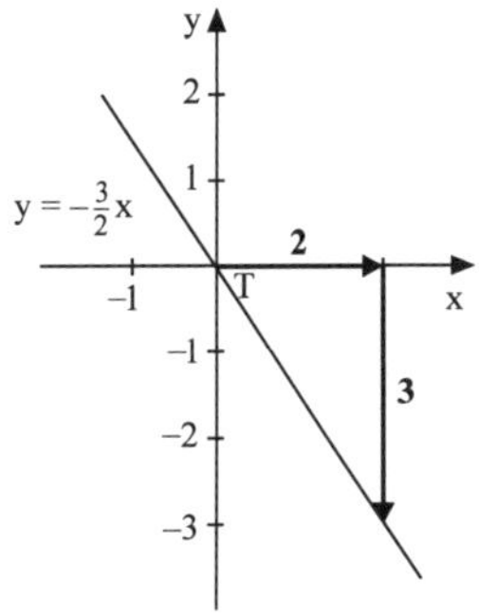


c) $y = \frac{3}{2}x - 3; \quad t = -3; \quad m = \frac{3}{2}$

*Schritt 1:*

T(0; −3)

*Schritt 2:*

$m = \frac{3}{2}$ $\begin{matrix} \leftarrow \text{nach oben} \\ \leftarrow \text{nach rechts} \end{matrix}$

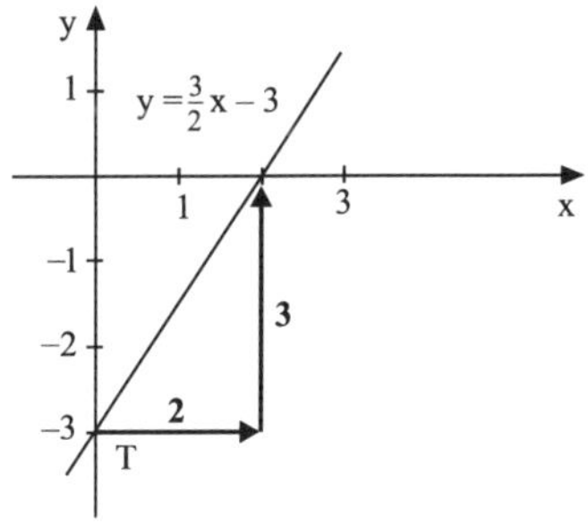


d) $y = \frac{1}{2}x + 2; \quad t = 2; \quad m = \frac{1}{2}$

*Schritt 1:*

T(0; 2)

*Schritt 2:*

$m = \frac{1}{2}$ $\begin{matrix} \leftarrow \text{nach oben} \\ \leftarrow \text{nach rechts} \end{matrix}$

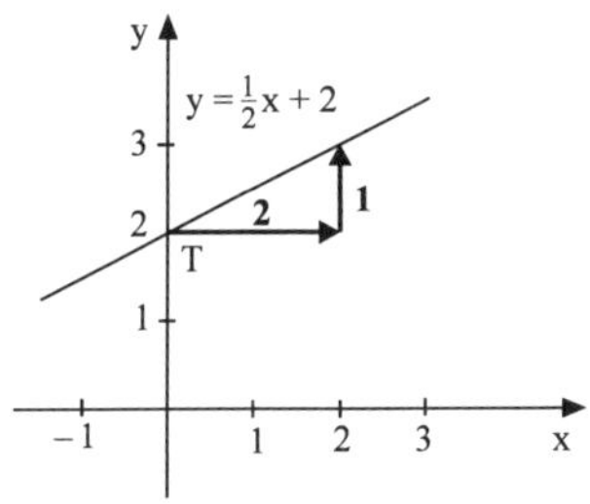


e) $y = 2x - 1; \quad t = -1; \quad m = 2$

*Schritt 1:*

T(0; −1)

*Schritt 2:*

$m = 2 = \frac{2}{1}$ $\begin{matrix} \leftarrow \text{nach oben} \\ \leftarrow \text{nach rechts} \end{matrix}$

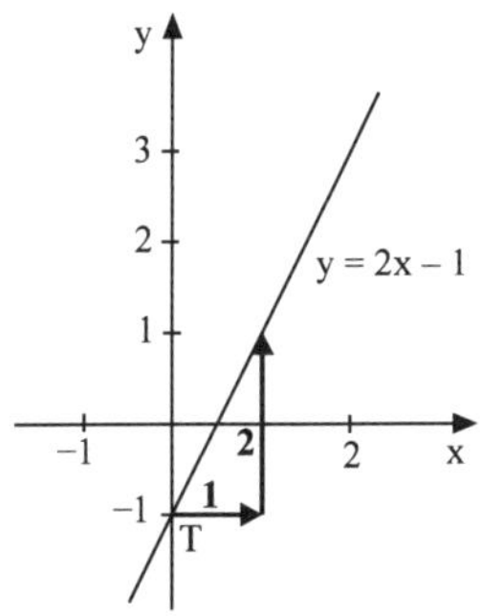

f) $y = 0,4x - 2; \quad t = -2; \quad m = 0,4$

*Schritt 1:*

T(0; – 2)

*Schritt 2:*

$m = 0,4 = \frac{4}{10} = \frac{2}{5} = \frac{1}{2,5}$ $\begin{matrix}\leftarrow \text{nach oben} \\ \leftarrow \text{nach rechts}\end{matrix}$

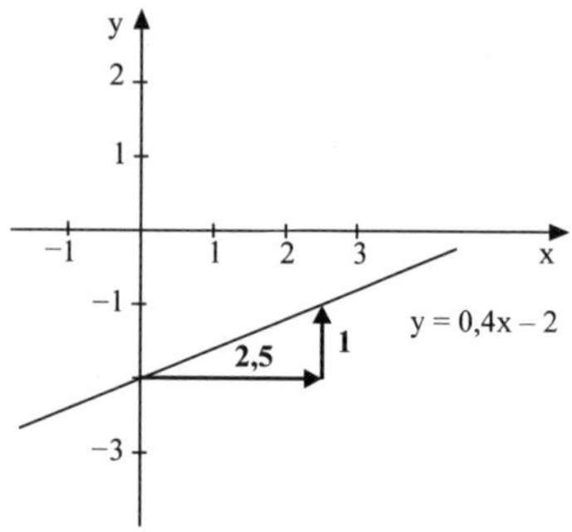


g) $y = -\frac{5}{7}x + 1; \quad t = 1; \quad m = -\frac{5}{7}$

*Schritt 1:*

T(0; 1)

*Schritt 2:*

$m = \frac{-5}{7} = \frac{-2,5}{3,5}$ $\begin{matrix}\leftarrow \text{nach unten} \\ \leftarrow \text{nach rechts}\end{matrix}$

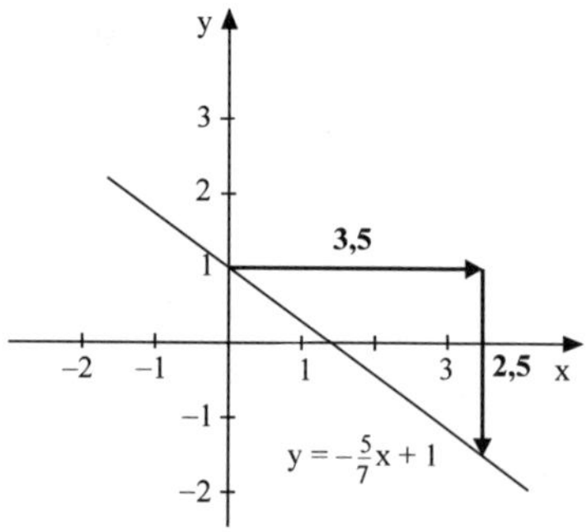


h) $y = -\frac{3}{5}x - 1; \quad t = -1; \quad m = -\frac{3}{5}$

*Schritt 1:*

T(0; – 1)

*Schritt 2:*

$m = \frac{-3}{5} = \frac{-1,5}{2,5}$ $\begin{matrix}\leftarrow \text{nach unten} \\ \leftarrow \text{nach rechts}\end{matrix}$

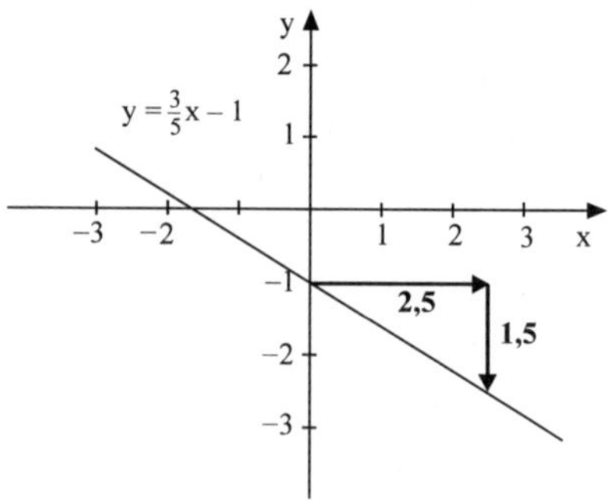

**40.** a) T(0; 2) $\Rightarrow$ t = 2
Von T zu einem anderen Geradenpunkt:
z. B. 3 nach rechts und 2 nach unten $\Rightarrow$ $m = \frac{-2}{3} = -\frac{2}{3}$

$\Rightarrow$ g: $y = -\frac{2}{3}x + 2$

b) T(0; 2) $\Rightarrow$ t = 2
Von P(–1; 0) aus:
z. B. 1 nach rechts und 2 nach oben $\Rightarrow$ $m = \frac{2}{1} = 2$

$\Rightarrow$ g: $y = 2x + 2$

c) T(0; 0) $\Rightarrow$ t = 0
Von T aus:
z. B. 2 nach rechts und 0 nach oben $\Rightarrow$ $m = \frac{0}{2} = 0$

$\Rightarrow$ g: $y = 0 \cdot x + 0$, d. h. $y = 0$

d) T(0; 1) $\Rightarrow$ t = 1
Von T aus:
z. B. 2 nach rechts und 0 nach oben $\Rightarrow$ $m = \frac{0}{2} = 0$

$\Rightarrow$ g: $y = 0 \cdot x + 1$, d. h. $y = 1$

e) T(0; 0) $\Rightarrow$ t = 0
Von T nach P:
2,5 nach rechts und 3,5 nach oben $\Rightarrow$ $m = \frac{3,5}{2,5} = \frac{7}{5}$

$\Rightarrow$ g: $y = \frac{7}{5}x$

f) T(0; 3) $\Rightarrow$ t = 3
Von T nach P:
3,5 nach rechts und 2 nach unten $\Rightarrow$ $m = \frac{-2}{3,5} = -\frac{4}{7}$

$\Rightarrow$ g: $y = -\frac{4}{7}x + 3$

**41.** a) $y = 2x + 1; \quad P(3;7)$

$x = 3 \Rightarrow y = 2 \cdot 3 + 1 = 7$

$\Rightarrow$ P liegt auf g ($P \in g$).

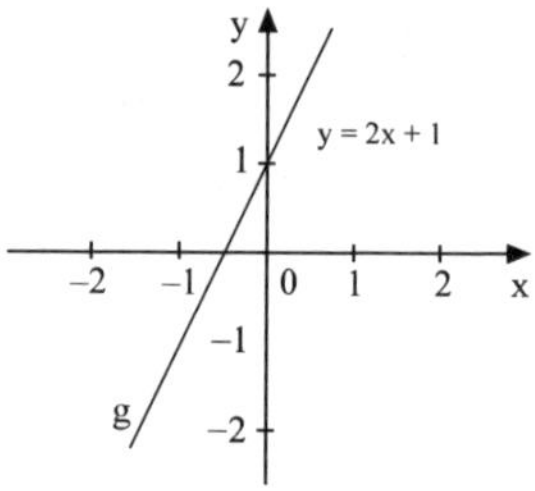


b) $y = -2x + 3; \quad P(-1;5)$

$x = -1 \Rightarrow y = -2(-1) + 3 = 2 + 3 = 5$

$\Rightarrow$ P liegt auf g.

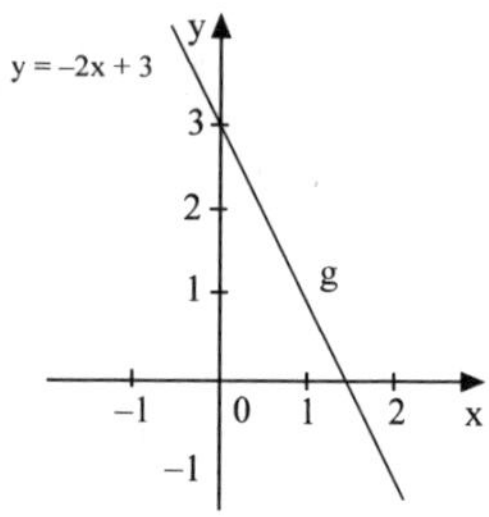


c) $y = -\frac{2}{3}x + 3; \quad P(6;2)$

$x = 6 \Rightarrow y = -\frac{2}{3} \cdot 6 + 3 = -4 + 3 = -1 < 2 \quad \Rightarrow \quad$ P liegt oberhalb von g.

Bestimmung der Gleichung von h:

Da g und h parallel sind, stimmen die Steigungen überein.

$m_h = m_g = -\frac{2}{3}$

Damit hat die Gleichung von h folgende Form:

$y = -\frac{2}{3}x + t$

$P(\underset{x_P}{\underset{\uparrow}{6}}\,;\,\underset{y_P}{\underset{\uparrow}{2}}) \in h \Rightarrow \underset{y_P}{\underset{\uparrow}{2}} = -\frac{2}{3} \cdot \underset{x_P}{\underset{\uparrow}{6}} + t; \quad 2 = -4 + t; \quad t = 6$

$m = -\frac{2}{3}; \; t = 6 \quad \Rightarrow \quad h\colon y = -\frac{2}{3}x + 6$

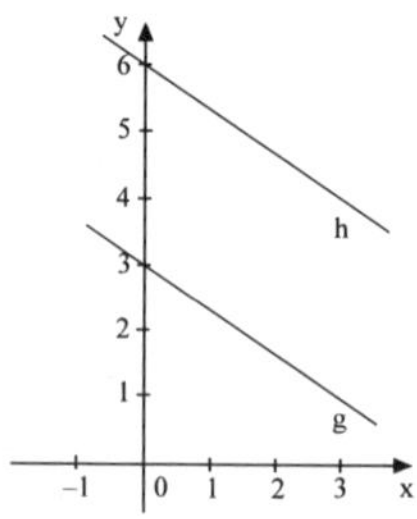

d) $y = \frac{4}{3}x - 2$;  P(3; 0)

$x = 3 \Rightarrow y = \frac{4}{3} \cdot 3 - 2 = 4 - 2 = 2 > 0 \Rightarrow$ P liegt unterhalb von g.

Bestimmung der Gleichung von h:
Da g und h parallel sind, stimmen die Steigungen überein.

$m_h = m_g = \frac{4}{3}$

Damit hat die Gleichung von h folgende Form:

$y = \frac{4}{3}x + t$

$P(\underset{x_P}{\underset{\uparrow}{3}}\,;\,\underset{y_P}{\underset{\uparrow}{0}}) \in h \Rightarrow \underset{y_P}{\underset{\uparrow}{0}} = \frac{4}{3} \cdot \underset{x_P}{\underset{\uparrow}{3}} + t; \quad 0 = 4 + t; \quad t = -4$

$m = \frac{4}{3}; \quad t = -4 \quad \Rightarrow \quad h: y = \frac{4}{3}x - 4$

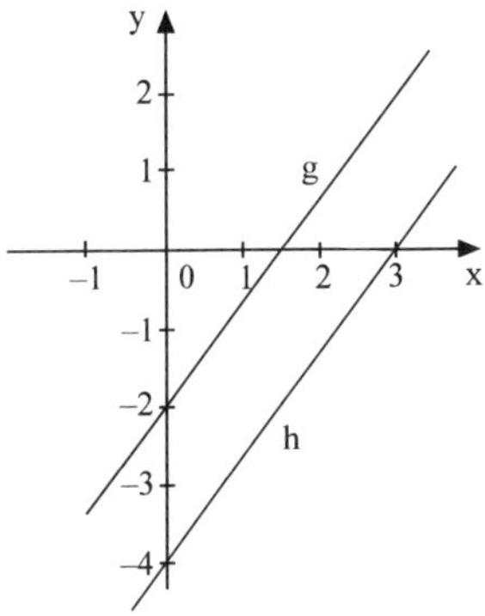


e) $y = 0,75x - 4$;  P(64; 45)

$x = 64 \Rightarrow y = 0,75 \cdot 64 - 4 = \frac{3}{4} \cdot 64 - 4 = 44 < 45$

$\Rightarrow$ P liegt oberhalb von g.

Bestimmung der Gleichung von h:
Da g und h parallel sind, stimmen die Steigungen überein.
$m_h = m_g = 0,75$

Damit hat die Gleichung von h folgende Form:
$y = 0,75x + t$
$P(\underset{x_P}{\underset{\uparrow}{64}};\,\underset{y_P}{\underset{\uparrow}{45}}) \in h \Rightarrow \underset{y_P}{\underset{\uparrow}{45}} = 0,75 \cdot \underset{x_P}{\underset{\uparrow}{64}} + t; \quad 45 = 48 + t; \quad t = -3$

$m = 0{,}75;\ \ t = -3\ \Rightarrow\ h\colon y = 0{,}75x - 3$

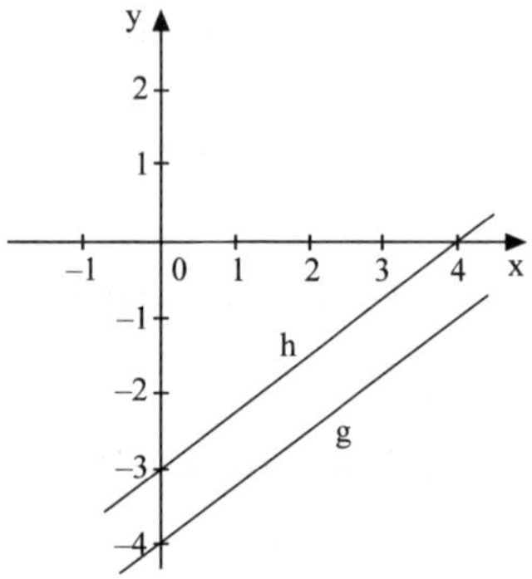


f) $y = 0{,}3x + 2;\quad P(-30; -9)$
$x = -30\ \Rightarrow\ y = 0{,}3(-30) + 2 = -9 + 2 = -7 > -9$
$\Rightarrow$ P liegt unterhalb von g.

Bestimmung der Gleichung von h:
Da g und h parallel sind, stimmen die Steigungen überein.
$m_h = m_g = 0{,}3$

Damit hat die Gleichung von h folgende Form:
$y = 0{,}3x + t$
$P(\underset{\substack{\uparrow\\ x_P}}{-30}; \underset{\substack{\uparrow\\ y_P}}{-9}) \in h\ \Rightarrow\ \underset{\substack{\uparrow\\ y_P}}{-9} = 0{,}3 \cdot (\underset{\substack{\uparrow\\ x_P}}{-30}) + t;\quad -9 = -9 + t;\quad t = 0$

$m = 0{,}3;\ \ t = 0\ \Rightarrow\ h\colon y = 0{,}3x$

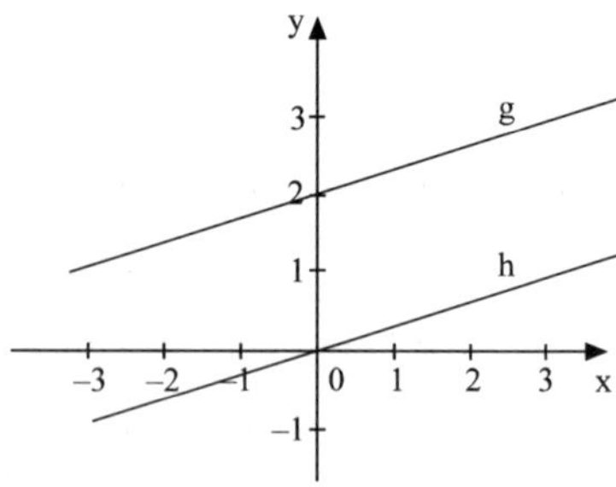

**42.** a) $y = -\frac{3}{7}x + 1$

Einsetzen von x := 14 und y := –43 ergibt:

$\mathbf{-43} = -\frac{3}{7} \cdot \mathbf{14} + 1$ (f), da $-\frac{3}{7} \cdot 14 + 1 = -6 + 1 = -5 \neq -43$

Ergebnis: (14; –43) ist keine Lösung.

Einsetzen von x := –7 und y := 4 ergibt:

$\mathbf{4} = -\frac{3}{7} \cdot (\mathbf{-7}) + 1$ (w), da $-\frac{3}{7} \cdot (-7) + 1 = 3 + 1 = 4$

Ergebnis: (–7; 4) ist eine Lösung.

b) $2x + 5y = 29$

Einsetzen von x := –3 und y := 7 ergibt:

$2 \cdot (\mathbf{-3}) + 5 \cdot \mathbf{7} = 29$ (w), da $2(-3) + 5 \cdot 7 = -6 + 35 = 29$

Ergebnis: (–3; 7) ist eine Lösung.

Einsetzen von x := 32 und y := –7 ergibt:

$2 \cdot \mathbf{32} + 5\,(\mathbf{-7}) = 29$ (w), da $2 \cdot 32 + 5(-7) = 64 - 35 = 29$

Ergebnis: (32; –7) ist eine Lösung.

c) $\begin{cases} \quad 3x + 4y = 3 \\ \wedge \; -4x + 5y = -4 \end{cases}$

Einsetzen von x := 1 und y := 0 in beide Gleichungen ergibt:

$3 \cdot \mathbf{1} + 4 \cdot \mathbf{0} = 3$ (w) und $-4 \cdot 1 + 5 \cdot 0 = -4$ (w)

Ergebnis: (1; 0) ist eine Lösung des Gleichungssystems.

Einsetzen von x := 3 und y = 5 in die 1. Gleichung ergibt:

$3 \cdot \mathbf{3} + 4 \cdot \mathbf{5} = 3$ (f), da $9 + 20 = 29 \neq 3$

Ergebnis: (3; 5) kann keine Lösung des Gleichungssystems sein.

d) $\begin{cases} \; -2x - 5y = 21 \\ \wedge \quad x - y = 0 \end{cases}$

Einsetzen von x := –12 und y := 3 ergibt:

$-2 \cdot (\mathbf{-12}) - 5 \cdot \mathbf{3} = 21$ (f), da $-2(-12) - 5 \cdot 3 = 24 - 15 = 9 \neq 21$

Ergebnis: (–12; 3) ist keine Lösung des Gleichungssystems.

Einsetzen von x := –3 und y := –3 ergibt:

$-2(\mathbf{-3}) - 5(\mathbf{-3}) = 21$ (w), da $-2(-3) - 5(-3) = 6 + 15 = 21$

und $-3 - (-3) = 0$ (w), da $-3 - (-3) = -3 + 3 = 0$

Ergebnis: (–3; –3) ist eine Lösung.

Einsetzen von x := 0 und y := 0 ergibt:
$-2 \cdot \mathbf{0} - 5 \cdot \mathbf{0} = 21$ (f), da $-2 \cdot 0 - 5 \cdot 0 = 0 \neq 21$
Ergebnis: (0; 0) ist keine Lösung.

**43.** a) *Schritt 1: Umformen der Gleichungen in die Form y = mx + t*

$$\begin{cases} 2x + y = 5 \\ \wedge\ x - 2y = 0 \end{cases} \quad \begin{cases} y = -2x + 5 \\ \wedge\ -2y = -x \end{cases} \quad \begin{cases} y = -2x + 5 \\ \wedge\ y = \frac{1}{2}x \end{cases}$$

*Schritt 2: Die Geraden zeichnen*

$g_1$: $y = -2x + 5$

| x | 0 | 3 |
|---|---|---|
| y | 5 | –1 |

$g_2$: $y = \frac{1}{2}x$

| x | –2 | 4 |
|---|---|---|
| y | –1 | 2 |

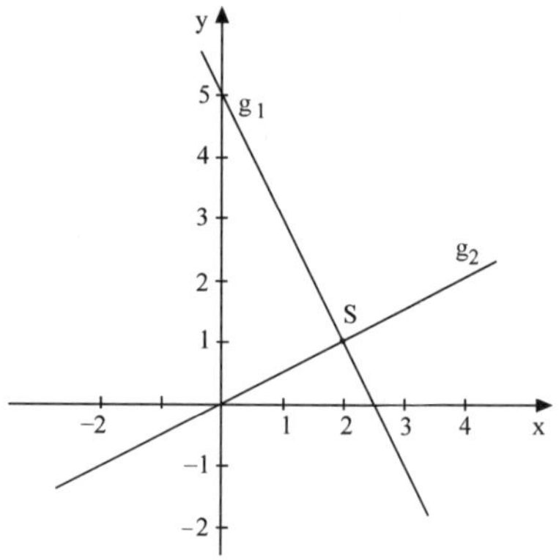


*Schritt 3: Koordinaten*
S(2; 1) ⇒ L = {(2; 1)}

b) *Schritt 1: Umformen der Gleichungen in die Form y = mx + t*

$$\begin{cases} 2x - y = 0 \\ \wedge\ x + 2y = 0 \end{cases} \quad \begin{cases} -y = -2x \\ \wedge\ 2y = -x \end{cases} \quad \begin{cases} y = 2x \\ \wedge\ y = -\frac{1}{2}x \end{cases}$$

*Schritt 2: Die Geraden zeichnen*

$g_1$: $y = 2x$

| x | –1 | 1,5 |
|---|---|---|
| y | –2 | 3 |

$g_2$: $y = -\frac{1}{2}x$

| x | –2 | 2 |
|---|---|---|
| y | 1 | –1 |

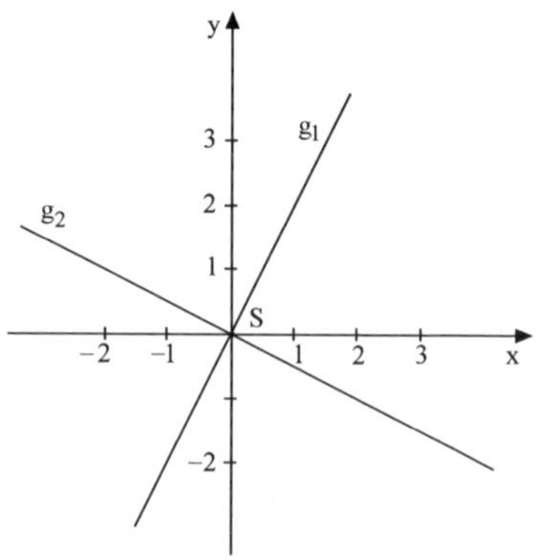


*Schritt 3: Koordinaten*
S(0; 0) ⇒ L = {(0; 0)}

c) *Schritt 1: Umformen der Gleichungen in die Form y = mx + t*

$$\begin{cases} 3x-2y=-3 \\ \wedge -2x-3y=2 \end{cases} \quad \begin{cases} -2y=-3x-3 \\ \wedge -3y=2x+2 \end{cases} \quad \begin{cases} y=\frac{3}{2}x+\frac{3}{2} \\ \wedge\ y=-\frac{2}{3}x-\frac{2}{3} \end{cases}$$

*Schritt 2: Die Geraden zeichnen*

$g_1$: $y = \frac{3}{2}x + \frac{3}{2}$

| x | −2 | 1 |
|---|---|---|
| y | −1,5 | 3 |

$g_2$: $y = -\frac{2}{3}x - \frac{2}{3}$

| x | −4 | 2 |
|---|---|---|
| y | 2 | −2 |

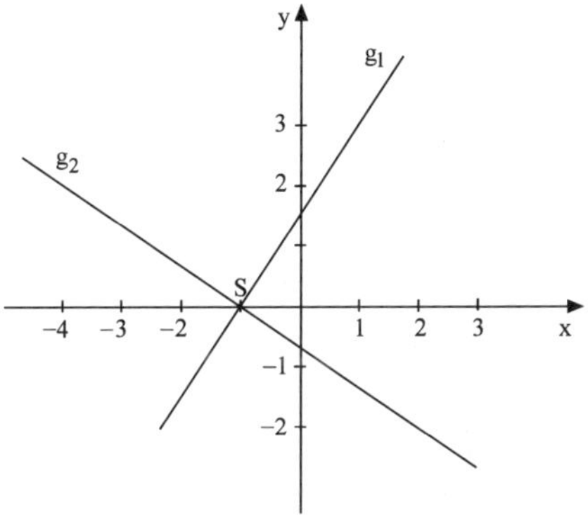


*Schritt 3: Koordinaten*

$S(-1; 0) \Rightarrow L = \{(-1; 0)\}$

d) *Schritt 1: Umformen der Gleichungen in die Form y = mx + t*

$$\begin{cases} 4x+5y=-3 \\ \wedge -4x+3y=5 \end{cases} \quad \begin{cases} 5y=-4x-3 \\ \wedge\ 3y=4x+5 \end{cases} \quad \begin{cases} y=-\frac{4}{5}x-\frac{3}{5} \\ \wedge\ y=\frac{4}{3}x+\frac{5}{3} \end{cases}$$

*Schritt 2: Die Geraden zeichnen*

$g_1$: $y = -\frac{4}{5}x - \frac{3}{5}$

| x | −2 | 3 |
|---|---|---|
| y | 1 | −3 |

$g_2$: $y = \frac{4}{3}x + \frac{5}{3}$

| x | −1 | 1 |
|---|---|---|
| y | $\frac{1}{3}$ | 3 |

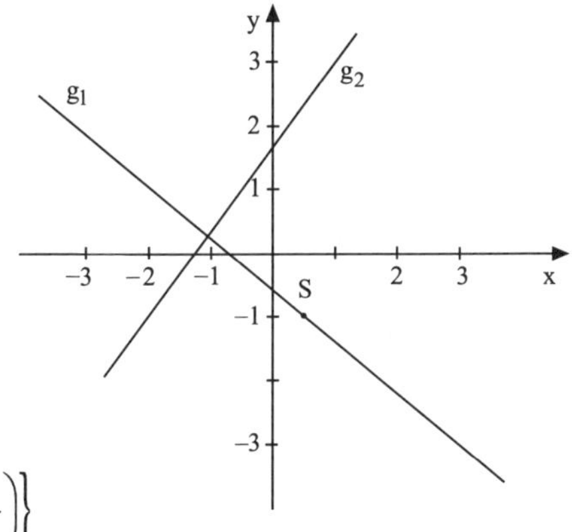


*Schritt 3: Koordinaten*

$S\left(-\frac{17}{16}; \frac{1}{4}\right) \Rightarrow L = \left\{\left(-\frac{17}{16}; \frac{1}{4}\right)\right\}$

**44.** a) *Schritt 1:*

$$\begin{cases} x + 5y = 13 \\ \wedge\ 7x + 3y = -5 \end{cases}$$

1. Gleichung nach x auflösen:
$x + 5y = 13$
$x = \mathbf{13 - 5y}$

*Schritt 2:*

$$\begin{cases} x = 13 - 5y \\ \wedge\ 7x + 3y = -5 \end{cases}$$

Einsetzen in die 2. Gleichung:
$7(\mathbf{13 - 5y}) + 3y = 5$

*Schritt 3:*

Nach y auflösen:

$$\begin{aligned} 91 - 35y + 3y &= -5 \\ 91 - 32y &= -5 \\ -32y &= -96 \\ y &= \mathbf{3} \end{aligned}$$

$$\begin{cases} x = 13 - 5y \\ \wedge\ y = 3 \end{cases}$$

*Schritt 4:*

$$\begin{cases} x = -2 \\ \wedge\ y = 3 \end{cases}$$

Einsetzen in die 1. Gleichung:
$x = 13 - 5 \cdot \mathbf{3} = 13 - 15 = -2$

$\Rightarrow L = \{(-2; 3)\}$

b) *Schritt 1:*

$$\begin{cases} x - 0,7y = 8 \\ \wedge\ 5x + 0,3y = 2 \end{cases}$$

1. Gleichung nach x auflösen:
$x - 0,7y = 8$
$x = \mathbf{8 + 0,7y}$

*Schritt 2:*

$$\begin{cases} x = 8 + 0,7y \\ \wedge\ 5x + 0,3y = 2 \end{cases}$$

Einsetzen in die 2. Gleichung:
$5(\mathbf{8 + 0,7y}) + 0,3y = 2$

*Schritt 3:*

Nach y auflösen:

$$\begin{aligned} 40 + 3,5y + 0,3y &= 2 \\ 40 + 3,8y &= 2 \\ 3,8y &= -38 \\ y &= -\frac{38}{3,8} = -\frac{380}{38} = \mathbf{-10} \end{aligned}$$

$$\begin{cases} x = 8 + 0,7y \\ \wedge\ y = -10 \end{cases}$$

*Schritt 4:*

$$\begin{cases} x = 1 \\ \wedge\ y = -10 \end{cases}$$

Einsetzen in die 1. Gleichung:
$x = 8 + 0,7(-\mathbf{10}) = 8 - 7 = 1$

$\Rightarrow L = \{(1; -10)\}$

c) *Schritt 1:*

$$\begin{cases} \frac{3}{2}x - 7y = 10 \\ \wedge\ -\frac{3}{7}x - y = 1 \end{cases}$$

2. Gleichung nach y auflösen:

$$-\frac{3}{7}x - y = 1$$
$$-y = 1 + \frac{3}{7}x$$
$$y = \mathbf{-1 - \frac{3}{7}x}$$

*Schritt 2:*

$$\begin{cases} \frac{3}{2}x - 7y = 10 \\ \wedge\ y = -1 - \frac{3}{7}x \end{cases}$$

Einsetzen in die 1. Gleichung:

$$\frac{3}{2}x - 7(\mathbf{-1 - \frac{3}{7}x}) = 10$$

*Schritt 3:*

Nach x auflösen:

$$\frac{3}{2}x + 7 + 3x = 10$$
$$\frac{9}{2}x + 7 = 10$$
$$\frac{9}{2}x = 3$$
$$x = 3 : \frac{9}{2} = 3 \cdot \frac{2}{9} = \mathbf{\frac{2}{3}}$$

$$\begin{cases} x = \frac{2}{3} \\ \wedge\ y = -1 - \frac{3}{7}x \end{cases}$$

*Schritt 4:*

$$\begin{cases} x = \frac{2}{3} \\ \wedge\ y = -\frac{9}{7} \end{cases}$$

Einsetzen in die 2. Gleichung:

$$y = -1 - \frac{3}{7} \cdot \mathbf{\frac{2}{3}} = -1 - \frac{2}{7} = -\frac{9}{7}$$

$$\Rightarrow L = \left\{\left(\frac{2}{3}; -\frac{9}{7}\right)\right\}$$

d) *Schritt 1:*

$$\begin{cases} -6x + 7y = 6 \\ \wedge\ -x - \frac{7}{3}y = -1 \end{cases}$$

2. Gleichung nach x auflösen:

$$-x = -1 + \frac{7}{3}y$$
$$x = \mathbf{1 - \frac{7}{3}y}$$

*Schritt 2:*

$$\begin{cases} -6x + 7y = 6 \\ \wedge \quad x = 1 - \frac{7}{3}y \end{cases}$$

Einsetzen in die 1. Gleichung:

$$-6\left(\mathbf{1} - \frac{\mathbf{7}}{\mathbf{3}}\mathbf{y}\right) + 7y = 6$$

*Schritt 3:*

Nach y auflösen:

$$\begin{aligned} -6 + 14y + 7y &= 6 \\ -6 + 21y &= 6 \\ 21y &= 12 \\ y &= \frac{12}{21} = \frac{\mathbf{4}}{\mathbf{7}} \end{aligned}$$

$$\begin{cases} y = \frac{4}{7} \\ \wedge \ x = 1 - \frac{7}{3}y \end{cases}$$

*Schritt 4:*

Einsetzen in die 2. Gleichung:

$$x = 1 - \frac{7}{3} \cdot \frac{\mathbf{4}}{\mathbf{7}} = 1 - \frac{4}{3} = -\frac{1}{3}$$

$$\begin{cases} y = \frac{4}{7} \\ \wedge \ x = -\frac{1}{3} \end{cases}$$

$$\Rightarrow L = \left\{\left(-\frac{1}{3}; \frac{4}{7}\right)\right\}$$

**45.** a) *Schritt 1:*

$$\begin{cases} 2x + 3y = 5 & |\cdot 7 \\ \wedge \ 7x + 8y = 15 & |\cdot(-2) \end{cases}$$

*Schritt 2:*

$$\begin{array}{rcl} 14x + 21y &=& 35 \\ -14x - 16y &=& -30 \\ \hline 5y &=& 5 \end{array} \downarrow$$

getrennt addieren!

*Schritt 3:*

$5y = 5; \quad y = 1$

*Schritt 4:*

Einsetzen in die 1. Gleichung von Schritt 1:

$$\begin{aligned} 2x + 3 \cdot 1 &= 5 \\ 2x + 3 &= 5 \\ 2x &= 2 \\ x &= 1 \end{aligned}$$

$$\Rightarrow \begin{cases} y = 1 \\ \wedge \ x = 1 \end{cases} \Rightarrow L = \{(1; 1)\}$$

b) *Schritt 1:*

$$\begin{cases} -3x + 7y = 7 & |\cdot 5 \\ \wedge \;\; 5x - 9y = -9 & |\cdot 3 \end{cases}$$

*Schritt 2:*

$$\begin{array}{rcl} -15x + 35y &=& 35 \\ 15x - 27y &=& -27 \\ \hline 8y &=& 8 \end{array} \quad \Big\downarrow \text{ getrennt addieren!}$$

*Schritt 3:*

$8y = 8; \quad y = 1$

*Schritt 4:*

Einsetzen in die 2. Gleichung von Schritt 1:

$$5x - 9 \cdot 1 = -9$$
$$5x - 9 = -9$$
$$5x = 0$$
$$x = 0$$

$$\Rightarrow \begin{cases} y = 1 \\ \wedge \;\; x = 0 \end{cases} \Rightarrow \; L = \{(0; 1)\}$$

c) *Schritt 1:*

Die Faktoren von x, also 6 und 9, haben den gemeinsamen Teiler 3.
Es genügt deshalb, die 1. Gleichung mit 3 $(6 \cdot 3 = 18)$ und
die 2. Gleichung mit $-2$ $(9 \cdot (-2) = -18)$
zu multiplizieren.

$$\begin{cases} 6x + 7y = 1 & |\cdot 3 \\ \wedge \;\; 9x + 13y = 4 & |\cdot (-2) \end{cases}$$

*Schritt 2:*

$$\begin{array}{rcl} 18x + 21y &=& 3 \\ -18x - 26y &=& -8 \\ \hline -5y &=& -5 \end{array} \quad \Big\downarrow \text{ getrennt addieren!}$$

*Schritt 3:*

$-5y = -5; \quad y = 1$

*Schritt 4:*
Einsetzen in die 1. Gleichung von Schritt 1:

$$6x + 7 \cdot 1 = 1$$
$$6x + 7 = 1$$
$$6x = -6$$
$$x = -1$$

$$\Rightarrow \begin{cases} x = -1 \\ \wedge\ y = 1 \end{cases} \Rightarrow L = \{(-1; 1)\}$$

d) *Schritt 1:*
Die Faktoren von y, also 8 und 12, haben den gemeinsamen Teiler 4.
Es genügt deshalb, die 1. Gleichung mit 3 $(8 \cdot 3 = 24)$ und
die 2. Gleichung mit $-2$ $(12 \cdot (-2) = -24)$
zu multiplizieren.

$$\begin{cases} 11x + 8y = 5 & |\cdot 3 \\ \wedge\ 17x + 12y = 7 & |\cdot(-2) \end{cases}$$

*Schritt 2:*

$$\begin{array}{rcl} 33x + 24y & = & 15 \\ -34x - 24y & = & -14 \\ \hline -x & = & 1 \end{array} \quad \downarrow \text{ getrennt addieren!}$$

*Schritt 3:*
$-x = 1;\quad x = -1$

*Schritt 4:*
Einsetzen in die 1. Gleichung von Schritt 1:

$$11 \cdot (-1) + 8y = 5$$
$$-11 + 8y = 5$$
$$8y = 16$$
$$y = 2$$

$$\Rightarrow \begin{cases} y = 2 \\ \wedge\ x = -1 \end{cases} \Rightarrow L = \{(-1; 2)\}$$

e) *Schritt 1:*

$$\begin{cases} 0{,}3x - 0{,}7y = 2 & |\cdot 2 \\ \wedge\ 0{,}2x - 0{,}3y = 1 & |\cdot(-3) \end{cases}$$

*Schritt 2:*

$$\begin{array}{rcl} 0{,}6x - 1{,}4y & = & 4 \\ -0{,}6x + 0{,}9y & = & -3 \\ \hline -0{,}5y & = & 1 \end{array} \quad \downarrow \text{ getrennt addieren!}$$

*Schritt 3:*

$$-0{,}5y = 1; \quad y = -\frac{1}{0{,}5} = -\frac{10}{5} = -2$$

*Schritt 4:*

Einsetzen in die 2. Gleichung von Schritt 1:

$$0{,}2x - 0{,}3 \cdot (-2) = 1$$
$$0{,}2x + 0{,}6 = 1$$
$$0{,}2x = 0{,}4$$
$$x = \frac{0{,}4}{0{,}2} = 2$$

$$\Rightarrow \begin{cases} y = -2 \\ \wedge \; x = 2 \end{cases} \Rightarrow L = \{(2;-2)\}$$

f) *Schritt 1:*

$$\begin{cases} -0{,}7x + 0{,}3y = -3 & | \cdot 5 \\ \wedge \; 0{,}5x - 0{,}5y = 3 & | \cdot 3 \end{cases}$$

*Schritt 2:*

$$\begin{array}{rcl} -3{,}5x + 1{,}5y & = & -15 \\ 1{,}5x - 1{,}5y & = & 9 \\ \hline -2x & = & -6 \end{array} \quad \downarrow \text{ getrennt addieren!}$$

*Schritt 3:*

$$-2x = -6; \quad x = 3$$

*Schritt 4:*

Einsetzen in die 1. Gleichung von Schritt 1:

$$-0{,}7 \cdot 3 + 0{,}3y = -3$$
$$-2{,}1 + 0{,}3y = -3$$
$$0{,}3y = -0{,}9$$
$$y = -\frac{0{,}9}{0{,}3} = -3$$

$$\Rightarrow \begin{cases} y = -3 \\ \wedge \; x = 3 \end{cases} \Rightarrow L = \{(3;-3)\}$$

**46.** a) *Schritt 1: Beide Unbekannte festlegen*
Die 1. Zahl sei x, die 2. Zahl y.

*Schritt 2: Andere Größen ausdrücken*
Das 4fache der 1. Zahl: 4x
das 5fache der 2. Zahl: 5y
das 3fache der 1. Zahl: 3x
das 7fache der 2. Zahl: 7y

*Schritt 3: Zwei Gleichungen aufstellen*

$$4x + 5y = 43$$
$$3x - 7y = 43$$

*Schritt 4: Das Gleichungssystem lösen*
Anwendung des Additionsverfahrens:

$$\begin{cases} 4x + 5y = 43 & \cdot 3 \\ \wedge\ 3x - 7y = 43 & \cdot (-4) \end{cases}$$

$$\begin{aligned} 12x + 15y &= 129 \\ -12x + 28y &= -172 \\ \hline 43y &= -43 \\ y &= -1 \end{aligned}$$

getrennt addieren!

y = –1 in die 2. Gleichung eingesetzt ergibt:

$$\begin{aligned} 3x - 7(-1) &= 43 \\ 3x + 7 &= 43 \\ 3x &= 36 \\ x &= 12 \end{aligned}$$

*Schritt 5: Eine Antwort geben*
Die 1. Zahl heißt 12, die 2. Zahl –1.

*Schritt 6: Die Lösung überprüfen*

$4 \cdot \mathbf{12} + 5 \cdot (\mathbf{-1}) = 48 - 5 = 43$ (w)
$3 \cdot \mathbf{12} - 7(\mathbf{-1}) = 36 + 7 = 43$ (w)

b) *Schritt 1: Beide Unbekannte festlegen*
Der Preis eines kleinen Heftes in € sei x, der Preis eines großen Heftes in € sei y.

*Schritt 2: Andere Größen ausdrücken*

| | | |
|---|---|---|
| Preis von | drei kleinen Heften: | 3x |
| | sieben großen Heften: | 7y |
| | vier großen Heften: | 4y |
| | fünf kleinen Heften: | 5x |

*Schritt 3: Zwei Gleichungen aufstellen*

$3x + 7y = 11$

$4y = 5x + 1{,}25$ (oder: $4y - 1{,}25 = 5x$)

*Schritt 4: Das Gleichungssystem lösen*

Ordnen der 2. Gleichung:

$4y = 5x + 1{,}25 \Rightarrow -5x + 4y = 1{,}25$

Anwendung des Additionsverfahrens:

$$\begin{cases} 3x + 7y = 11 & \cdot 5 \\ \wedge\ -5x + 4y = 1{,}25 & \cdot 3 \end{cases}$$

$$\begin{array}{rcl} 15x + 35y & = & 55 \\ -15x + 12y & = & 3{,}75 \\ \hline 47y & = & 58{,}75 \\ y & = & 58{,}75 : 47 \\ y & = & 1{,}25 \end{array}$$

getrennt addieren!

$y = 1{,}25$ in die 1. Gleichung eingesetzt:

$$\begin{aligned} 3x + 7 \cdot 1{,}25 &= 11 \\ 3x + 8{,}75 &= 11 \\ 3x &= 2{,}25 \\ x &= 0{,}75 \end{aligned}$$

*Schritt 5: Eine Antwort geben*

Ein kleines Heft kostet 0,75 €, ein großes Heft 1,25 €.

*Schritt 6: Die Lösung überprüfen*

$3 \cdot \mathbf{0{,}75} + 7 \cdot \mathbf{1{,}25} = 2{,}25 + 8{,}75 = 11$ (w)

$4 \cdot \mathbf{1{,}25} = 5;\quad 5 \cdot \mathbf{0{,}75} + 1{,}25 = 3{,}75 + 1{,}25 = 5$ (w)

c) *Schritt 1: Beide Unbekannte festlegen*

Das Alter des Enkels jetzt sei x, das des Großvaters jetzt sei y (in Jahren).

*Schritt 2: Andere Größen ausdrücken*

Alter des Großvaters vor 5 Jahren: $y - 5$

Alter des Enkels vor 5 Jahren: $x - 5$

Alter des Großvaters in 13 Jahren: $y + 13$

Alter des Enkels in 13 Jahren: $x + 13$

*Schritt 3: Zwei Gleichungen aufstellen*

$$\begin{aligned} y - 5 &= 7(x - 5) \\ y + 13 &= 3(x + 13) \end{aligned}$$

*Schritt 4: Das Gleichungssystem lösen*

Dieses LGS wird mit dem Einsetzungsverfahren gelöst.

Zuerst löst man die 1. Gleichung nach y auf:

$$y - 5 = 7x - 35$$
$$y = 7x - 30$$

Dann setzt man 7x – 30 für y in die 2. Gleichung ein und löst nach x auf:

$$7x - 30 + 13 = 3(x + 13)$$
$$7x - 17 = 3x + 39 \quad | -3x + 17$$
$$4x = 56$$
$$x = 14$$

$$\Rightarrow \begin{cases} y = 7x - 30 \\ \wedge\ x = 14 \end{cases}$$

Einsetzen von x = 14 ergibt:

$$y = 7 \cdot 14 - 30 = 98 - 30 = 68$$

*Schritt 5: Eine Antwort geben*

Der Enkel ist 14 Jahre, der Großvater 68 Jahre alt.

*Schritt 6: Die Lösung überprüfen*

| | | | |
|---|---|---|---|
| Vor 5 Jahren: | **68** – 5 = 63 | 7 · (**14** – 5) = 7 · 9 = 63 | (w) |
| In 13 Jahren: | **68** + 13 = 81 | 3 · (**14** + 13) = 3 · 27 = 81 | (w) |

d) *Schritt 1: Beide Unbekannte festlegen*

Die 1. Zahl sei x, die 2. Zahl sei y.

*Schritt 2: Andere Größen ausdrücken*

Der 6. Teil der 1. Zahl: $x : 6 = \frac{x}{6} = \frac{1}{6}x$

der 4. Teil der 2. Zahl: $y : 4 = \frac{y}{4} = \frac{1}{4}y$

der 3. Teil der 1. Zahl: $x : 3 = \frac{x}{3} = \frac{1}{3}x$

das 3fache der 2. Zahl: 3y

*Schritt 3: Zwei Gleichungen aufstellen*

$$\frac{1}{4}y + \frac{1}{6}x = 11$$
$$3y - \frac{1}{3}x = 20$$

*Schritt 4: Das Gleichungssystem lösen*

Um das Additionsverfahren anwenden zu können, werden beide Gleichungen geordnet und dann so multipliziert, daß keine Brüche mehr auftreten:

$$\begin{cases} \frac{1}{6}x + \frac{1}{4}y = 4 & |\cdot 12 \\ \wedge\ -\frac{1}{3}x + 3y = 20 & |\cdot 3 \end{cases} \qquad \begin{cases} 2x + 3y = 48 & \\ \wedge\ -x + 9y = 60 & |\cdot 2 \end{cases}$$

$$\begin{aligned} 2x + 3y &= 48 \\ -2x + 18y &= 120 \\ \hline 21y &= 168 \\ y &= 168 : 21 \\ y &= 8 \end{aligned}$$

getrennt addieren!

y = 8 in die Gleichung 2x + 3y = 48 eingesetzt:

$$\begin{aligned} 2x + 3 \cdot 8 &= 48 \\ 2x + 24 &= 48 \\ 2x &= 24 \\ x &= 12 \end{aligned}$$

*Schritt 5: Eine Antwort geben*

Die 1. Zahl heißt 12, die 2. Zahl 8.

*Schritt 6: Die Lösung überprüfen*

$\frac{1}{6}$ von **12** = 2, $\frac{1}{4}$ von **8** = 2; $2 + 2 = 4$ (w)

$\frac{1}{3}$ von **12** = 4, $3 \cdot$ **8** = 24; $24 - 4 = 20$ (w)

e) *Schritt 1: Beide Unbekannte festlegen*

Die Einerziffer sei x, die Zehnerziffer sei y.

*Schritt 2: Andere Größen ausdrücken*

| | |
|---|---|
| Wert der Zahl: | 10y + x |
| Quersumme der Zahl: | x + y |
| Wert der Zahl mit vertauschten Ziffern: | 10x + y |

*Schritt 3: Zwei Gleichungen aufstellen*

$10y + x = 4 \cdot (x + y)$ Klammern setzen!

$10x + y = 10y + x + 36$

*Schritt 4: Das Gleichungssystem lösen*
Beide Gleichungen werden geordnet und dann wird das Additionsverfahren angewendet:

1. Gleichung: $10y + x = 4x + 4y \quad | -4x - 4y$
$\Rightarrow \quad -3x + 6y = 0$

2. Gleichung: $10x + y = 10y + x + 36 \quad | -x - 10y$
$\Rightarrow \quad 9x - 9y = 36$

$$\Rightarrow \begin{cases} -3x + 6y = 0 & | \cdot 3 \\ \wedge\ 9x - 9y = 36 & \end{cases}$$

$$\begin{array}{rcl} -9x + 18y & = & 0 \\ 9x - 9y & = & 36 \\ \hline 9y & = & 36 \\ y & = & 4 \end{array} \quad \downarrow \text{ getrennt addieren!}$$

y = 4 in die Gleichung –3x + 6y = 0 eingesetzt:

$$\begin{aligned} -3x + 6 \cdot 4 &= 0 \\ -3x &= -24 \\ x &= 8 \end{aligned}$$

*Schritt 5: Eine Antwort geben*
Die Zahl heißt 48.

*Schritt 6: Die Lösung überprüfen*

| | | | |
|---|---|---|---|
| Quersumme: | 12, | $12 \cdot 4 =$ **48** | (w) |
| Zahl mit vertauschten Ziffern: | 84, | **48** $+ 36 = 84$ | (w) |

f) *Schritt 1: Beide Unbekannte festlegen*
Der Preis des Topfes sei x, der des Deckels y (in €).

*Schritt 2: Andere Größen ausdrücken*
entfällt

*Schritt 3: Zwei Gleichungen aufstellen*
$x + y = 11$
$x = y + 10$ *(Beachte:* $x > y$!)

*Schritt 4: Das Gleichungssystem lösen*
Da die 2. Gleichung bereits nach x aufgelöst ist, ersetzt man y + 10 für x in der 1. Gleichung und löst diese nach y auf (Einsetzungsverfahren).

$$y + 10 + y = 11$$
$$2y + 10 = 11$$
$$2y = 1$$
$$y = 0,5$$

Einsetzen von y = 0,5 in die 2. Gleichung ergibt:

$$x = 0,5 + 10$$
$$x = 10,5$$

*Schritt 5: Eine Antwort geben*

Der Topf kostet 10,50 €, der Deckel 0,50 €.

*Schritt 6: Die Lösung überprüfen*
10,50 + 0,50 = 11 (w), 10 + 0,5 = 10,5 (w)

*(Bitte blättern Sie um)*

## Englisch Grundwissen

Englisch Grundwissen 5. Klasse
Bayern, Baden-Württemberg ........................ Best.-Nr. 90505
Englisch Grundwissen 5. Klasse ..................... Best.-Nr. 50505
Klassenarbeiten Englisch 5. Klasse mit CD ...... Best.-Nr. 905053
Englisch Grundwissen 6. Klasse ..................... Best.-Nr. 90506
Klassenarbeiten Englisch 6. Klasse mit CD ...... Best.-Nr. 905063
Englisch Grundwissen
1. Lernjahr als 2. Fremdsprache
Bayern, Baden-Württemberg ........................ Best.-Nr. 905052
Englisch Grundwissen
1. Lernjahr als 2. Fremdsprache .................. Best.-Nr. 505052
Englisch Grundwissen
2. Lernjahr als 2. Fremdsprache
Bayern, Baden-Württemberg ........................ Best.-Nr. 905062
Englisch Grundwissen
2. Lernjahr als 2. Fremdsprache .................. Best.-Nr. 505062
Englisch Grundwissen 7. Klasse ..................... Best.-Nr. 90507
Englisch Grundwissen 8. Klasse ..................... Best.-Nr. 90508
Englisch Grundwissen 9. Klasse ..................... Best.-Nr. 90509
Englisch Grundwissen 10. Klasse ................... Best.-Nr. 90510
Englisch Übertritt in die Oberstufe ................ Best.-Nr. 82453
Kompakt-Wissen Kurzgrammatik ................ Best.-Nr. 90461

## Englisch Textproduktion

Textproduktion 9./10. Klasse .................... Best.-Nr. 90541

## Englisch Leseverstehen

Leseverstehen 5. Klasse ............................ Best.-Nr. 90526
Leseverstehen 6. Klasse ............................ Best.-Nr. 90525
Leseverstehen 8. Klasse ............................ Best.-Nr. 90522
Leseverstehen 10. Klasse .......................... Best.-Nr. 90521

## Englisch Hörverstehen

Hörverstehen 5. Klasse mit CD .................... Best.-Nr. 90512
Hörverstehen 6. Klasse mit CD .................... Best.-Nr. 90511
Hörverstehen 7. Klasse mit CD .................... Best.-Nr. 90513
Hörverstehen 9. Klasse mit CD .................... Best.-Nr. 90515
Hörverstehen 10. Klasse mit CD .................. Best.-Nr. 80457

## Englisch Rechtschreibung

Rechtschreibung und Diktat
5. Klasse mit 3 CDs .................................... Best.-Nr. 90531
Rechtschreibung und Diktat
6. Klasse mit CD ........................................ Best.-Nr. 90532
Englische Rechtschreibung 9./10. Klasse ...... Best.-Nr. 80453

## Englisch Übersetzung

Translation Practice 1 / ab 9. Klasse ............ Best.-Nr. 80451
Translation Practice 2 / ab 10. Klasse .......... Best.-Nr. 80452

## Englisch Wortschatzübung

Wortschatzübung 5. Klasse mit CD ............. Best.-Nr. 90518
Wortschatzübung 6. Klasse mit CD ............. Best.-Nr. 90519
Wortschatzübung Mittelstufe ...................... Best.-Nr. 90520

## Englisch: Zentrale Prüfungen

Zentrale Klassenarbeit Englisch mit CD
10. Kl. Gymnasium Baden-Württemberg ...... Best.-Nr. 80456
Mittlerer Schulabschluss/Sek I
Brandenburg Mündliche Prüfung Englisch
*Lieferbar ab Februar 2006* .................... Best.-Nr. 121550
Besondere Leistungsfeststellung
Englisch 10. Klasse Thüringen .................... Best.-Nr. 165461

## Französisch

Rechtschreibung und Diktat 1./2. Lernjahr
mit 2 CDs .................................................. Best.-Nr. 905501
Französisch im 2. Lernjahr .......................... Best.-Nr. 905503
Wortschatzübung Mittelstufe ...................... Best.-Nr. 94510
Zentrale Klassenarbeit Französisch
10. Kl. Gymnasium Baden-Württemberg ...... Best.-Nr. 80501

## Latein

Latein I/II im 1. Lernjahr 5./7. Klasse .......... Best.-Nr. 90605
Latein I im 2. Lernjahr 6. Klasse .................. Best.-Nr. 90606
Latein II im 2. Lernjahr .............................. Best.-Nr. 906082
Übersetzung im 1. Lektürejahr .................... Best.-Nr. 906091
Kurzgrammatik ......................................... Best.-Nr. 94601
Wortkunde ................................................ Best.-Nr. 94603
Kompakt-Wissen Kurzgrammatik ................ Best.-Nr. 906011

## Geschichte

Kompakt-Wissen Geschichte
Unter-, Mittelstufe ...................................... Best.-Nr. 907601

## Biologie/Chemie

Besondere Leistungsfeststellung
Biologie 10. Klasse Thüringen .................... Best.-Nr. 165701
Besondere Leistungsfeststellung
Chemie 10. Klasse Thüringen ...................... Best.-Nr. 165731

## Ratgeber „Richtig Lernen"

Tipps und Lernstrategien – Unterstufe .......... Best.-Nr. 10481
Tipps und Lernstrategien – Mittelstufe .......... Best.-Nr. 10482

**Bestellungen bitte direkt an:** STARK Verlagsgesellschaft mbH & Co. KG
Postfach 1852 · 85318 Freising · Tel: 08161 / 179-0 · FAX: 08161 / 179-51
Internet: www.stark-verlag.de · E-Mail: info@stark-verlag.de

STARK

15-V1M